아이앤아이 영재교육원 대비

꾸러미 120제

영재교육원 대비를 위한 ...

영재란, 재능이 뛰어난 사람으로서 타고난 잠재력을 개발하기 위해 특별한 교육이 필요한 사람이고, 영재교육이란, 영재를 발굴하여 타고난 잠재력을 개발할 수 있도록 도와주는 것이다.

영재교육에 관해 해가 갈수록 관심이 커지고 있지만, 자녀를 영재교육원에 보내는 방법을 정확하게 알려주는 교재는 많지 않다. 또한, 영재교육원에서도 정확한 기준 없이 문제를 내기 때문에 영재교육원을 충분하게 대비하기는 쉽지 않다. 영재교육원 선발 시험 문제의 30% ~ 50% 가 실생활에서의 경험을 근거로 한 문제로 구성된다. 그런데 어디서 쉽게 볼 수 있는 문제는 아니므로 기출문제를 공부할 필요가 있다. 기출문제 풀이가 시험 대비의 정답은 아니지만, 유사한 문제들을 많이 접해보면서 새로운 문제를 보았을 때, 당황하지 않고, 문제의 실마리를 찾아서 응용하는 연습을 하는 것이다. 창의력 문제들을 해결하기 위해서는 본 교재를 통한 충분한 연습이 필요할 것이다.

'영재교육원 대비 꾸러미 120제 수학, 과학' 은 '영재교육원 대비 수학·과학 종합대비서 꾸러미' 에 이어서 학년별 풍부한 문제를 수록하고 있다. 영재교육원 영재성 검사(수학/과학 분리), 새롭고 신유형의 창의적 문제 해결력 평가, 심층 면접 평가 등으로 구성되어 있어 충분한 창의적 문제 해결 연습이 가능하다. 또한, 실제 생활에서 나타날 수 있는 다양한 현상과 이론을 실전 문제와 연계해 여러 방향으로 해결할 수 있어 영재교육원 모든 선발 단계를 대비할 수 있도록 하였다.
혼자서 해결할 수 없는 문제는 해설을 통하여 생각의 부족한 부분을 채우고, 다른 방법을 유추하여 해결할 수 있도록 도와준다.

'영재교육원 수학·과학 종합대비서 꾸러미' 와 '꾸러미 120제', ' 꾸러미 48제 모의고사' 를 통해 영재교육원을 대비하는 아이들과 부모님에게 새로운 희망과 열정이 솟는 시작점이 되길 바라며, 내재한 잠재력이 분출되길 기대해 본다.

무한상상

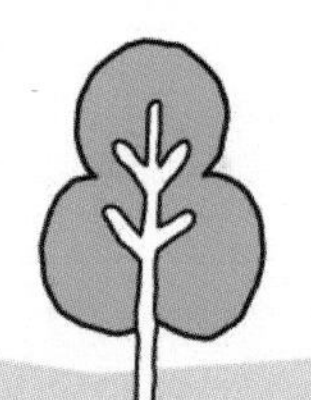

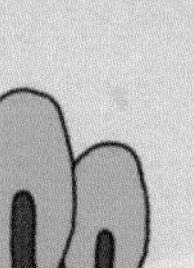

영재교육원에서 영재학교까지

01. 영재교육원 대비

영재교육원 대비 교재는 '영재교육원 대비 수학·과학 종합서 꾸러미', 꾸러미 120제 수학 과학, 꾸러미 48제 모의고사 수학 과학, 학년별 초등 아이앤아이(3·4·5·6학년), 중등 아이앤아이(물·화·생·지)(상,하) 등이 있다. 각자 자기가 속한 학년의 교재로 준비하면 된다.

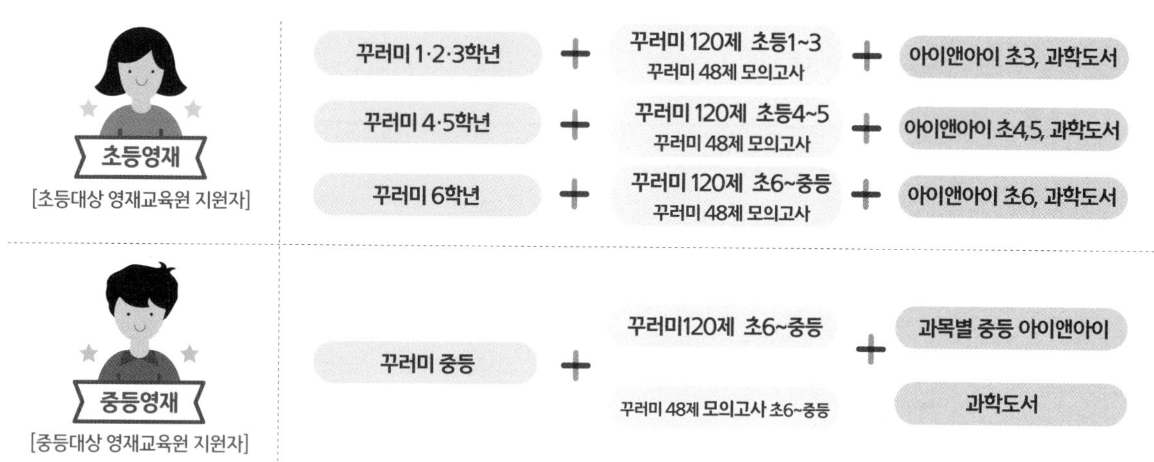

02. 영재학교/과학고/특목고 대비

영재학교/과학고/특목고 대비 교재는 세페이드 1F(물·화), 2F (물·화·생·지), 3F (물·화·생·지), 4F (물·화·생·지), 5F(마무리), 중등 아이앤아이(물·화·생·지) 등이 있다.

	세페이드 1F	세페이드 2F	세페이드 3F	세페이드 4F	세페이드 5F		
현재 5·6학년	주 1~2회 6~9개월 과정	주 2회 9개월 과정	주 3회 8~10개월 과정	주 3회 6개월 과정	주 4회 2~3개월 과정	+중등 아이앤아이 (물·화·생·지)	총 소요시간 31~36개월
현재 중 1학년		주 3회 6개월 과정	주 3회 8개월 과정	주 3회 6개월 과정	주 3~4회 3개월 과정	+중등 아이앤아이 (물·화·생·지)	총 소요시간 약 24개월
현재 중 2학년		3개월 과정	4개월 과정	4개월 과정	2개월 과정	+중등 아이앤아이 (물·화·생·지)	총 소요시간 약 13개월

영재교육원은 어떤 곳인가요?

영재학급

초·중·고 각급 학교에서 대상자들을 선발하여 1개 학급 정도로 운영하는 영재반이다. 특별활동, 재량활동, 방과후, 주말 또는 방학을 이용한 형태로 운영되고 있으며, 각 학교 내에서 독자적으로 운영하거나 인근의 여러 학교가 공동으로 참여하여 운영하는 형태도 있다.

영재교육원

영재교육원은 크게 각 지역 교육청(교육지원청)에서 운영하는 경우와 대학 부설로 운영하는 경우가 있으며, 그 외에 과학고 부설로 운영하는 경우, 과학 전시관에서 운영하는 경우, 기타 단체 소속인 경우도 있다. 주로 방과후, 주말 또는 방학을 이용한 형태로 운영하고 있다.

영재 교육 기관 구분	선발 방법		선발 시기
	방법	GED 적용	
교육지원청 영재교육원	교사관찰·추천	GED 적용	9월 ~ 12월
과학전시관 영재교육원			
단위 학교 영재 교육원(예술 분야 제외)			
단위 학교 영재 학급(예술 분야)		GED 미적용	3월 ~ 4월
단위 학교 영재 학급			
대학부설 및 유관기관 영재교육원			9월 ~ 이듬해 5월

	영재교육원		영재학급	계
	교육청	대학부설		
기관수	252	85	2,114	2,451
영재교육을 받고 있는 학생 수	33,640	10,272	58,472	102,384
영재교육을 받고 있는 학생 비율	30.8%	9.4%	53.5%	93.7%

▲ 영재교육 기관 현황

영재교육 대상자 선발

영재 선발 방법은 어느 수준의 영재를 교육 대상으로 설정하느냐가 모두 다르기 때문에 영재 교육 기관(영재학교, 영재학급, 영재교육원)에 따라 선발 방법이 조금씩 다르다. 교육청 영재교육원에서만 한국교육개발원에서 개발한 영재행동특성 체크리스트(영재성 검사)를 이용하고, 다른 기관에서는 영재성 검사 도구를 자체 개발하여 선발에 사용한다.

영재교육원의 선발은 어떻게 진행되나요?

GED(Gifted Education Database) 시스템

홈페이지 주소 : http://ged.kedi.re.kr

GED란 국가차원에서 영재의 선발·추천 및 영재 교육에 관련된 자료를 관리하기 위한 데이터 베이스이다. GED 사이트를 통해서 학생들은 영재교육 기관에 지원하고, 교사들은 학생을 추천하며, 영재교육기관에서는 이들을 선발한다.

GED를 활용한 선발 과정(표준선발안)

단계	세부 내용	담당	기관
지원	지원서 작성 : 학생이 GED 시스템에서 온라인 지원 ① GED 회원 가입 후 영재교육기관 선택 ② 지원서 작성 및 자기체크리스트 작성	학생/ 학부모	학생/ 학부모
추천	– 담임 교사가 GED 시스템에서 담당 학생의 체크리스트 작성 – 학교추천위원회에서 명단 확인 및 추천	담임/ 추천 위원회	소속 학교
창의적 문제 해결력 평가	각 영재교육기관에서 진행하는 창의적 문제 해결력 평가 ① 대상 : GED를 통한 학교추천위원회 추천자 전원 ② 미술, 음악, 체육, 문예 분야는 실기 평가 포함	평가위원	영재교육기관
면접 평가	각 영재교육기관에서 진행하는 심층 면접 평가	평가위원	영재교육기관

★ 대학부설 영재교육원은 GED를 이용하여 학생을 선발하지 않고 별도의 선발 과정을 거친다.

GED 시스템 선발 흐름도

학생
· 온라인 지원서 작성(GED)
· 창의인성 체크리스트 작성 (GED)
· 지원서 출력 후 담임께 제출

→

교원
· 담임반 학생 지원서 취합 (GED)
· GED 명단 확인
· 영재행동특성 체크 리스트 작성 (GED)
· 학생 추천 (GED)

→

학교추천위원
· 학교 추천자 명단 확인 (GED)
· 담임 교사의 체크 리스트 확인 (GED)
· 학생 추천 여부 심의 및 추천 (GED)

→

영재교육기관
· 학생 추천 자료 검토 (GED)
· 창의적 문제 해결력 평가 실시
· 심층 면접 평가 실시
· 자료를 종합하여 최종 선발

영재교육원의 선발은 어떻게 진행되나요?

선발 방식의 이해

1단계는 교사 추천, 2단계는 영재성 검사에 의한 선별, 3단계에서는 창의적 문제 해결력 평가(영역별 학문적성검사) 실시, 최종 단계에서는 심층 면접을 통해서 선발하고 있다.

단계	특징
관찰 추천	교사용 영재행동특성 체크리스트, 각종 산출물, 학부모 및 자기소개서, 교사 추천서등을 활용하여 평가하는 단계
창의적 문제 해결력 평가	창의성, 언어, 수리, 공간 지각에 대한 지적 능력을 평가하는 단계로 정규 교육 과정상의 내용에 기반을 두면서 사고 능력과 창의성을 측정하는 것을 기본 방향으로 한다.
심층 면접	이전 단계에서 수집된 정보로 확인된 학생의 특성을 재검증하고, 심층적으로 파악하는 단계로 예술 분야는 실기를 하거나 수학이나 과학에 대한 실험 평가를 할 수도 있다.

각 소재 지역별 영재교육원 선발 과정

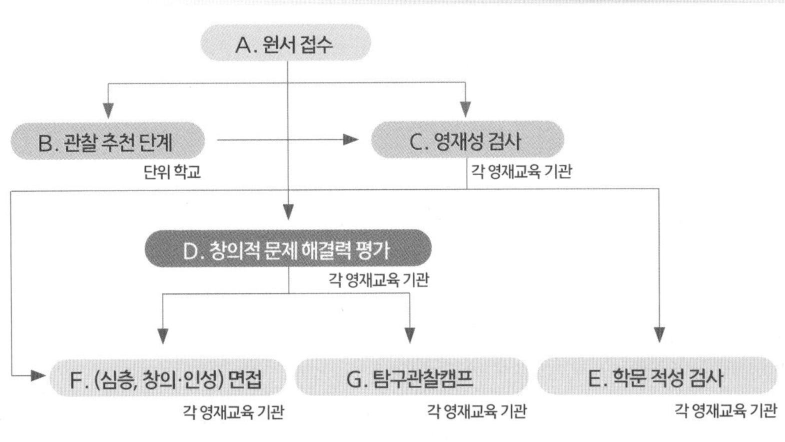

소재 지역	선발 과정
서울, 경기	A→B→D→F
충남	A→B→C
전남	A→D→F
목포	A→D→G
경남	A→C→D→F
경북	A→B→C→D→F
세종, 부산	A→B→C
강원도, 광주, 전북, 충북	A→C→F

심층 면접 과정의 예

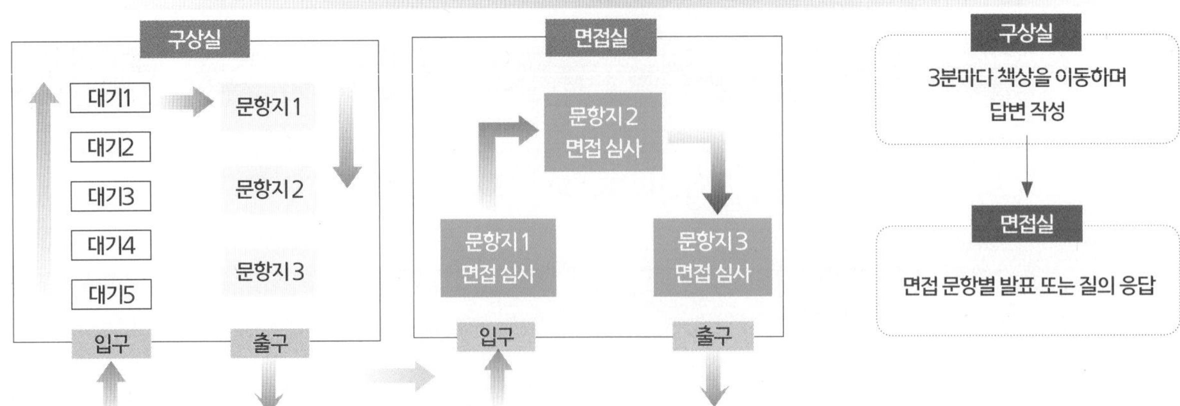

★ 각 지역별로 선발 과정이 다르므로 반드시 해당 영재교육원 모집 공고를 확인해야 한다.

★ 동일 교육청 소속 영재 교육원은 중복 지원할 수 없으며, 대학부설 영재교육원 합격자는 교육청 소속의 영재교육원에 중복 지원할 수 없다.

각 선발 단계를 **준비하는 방법**

교사 추천

교사는 평소 학교생활이나 수업시간에 학생의 심리적인 특성과 행동을 관찰하여 학생의 영재성을 진단하고 평가한다. 특히, 창의성, 호기심, 리더십, 자기주도성, 의사소통 능력, 과제집착력 등을 평가한다. 따라서 교사 추천을 받기 위한 기본적인 내신 관리를 해야 하며 수업태도, 학업성취도가 우수하여야 한다. 교과 내용의 전체 내용을 이해하고 문제를 통해 개념을 정리한다. 이때 개념을 오래 고민하고, 깊이 있게 이해하여 스스로 문제를 해결하는 능력을 키운다.
수업시간에는 주도적이고, 능동적으로 수업에 참여하고, 과제는 정해진 방법 외에도 여러 가지 다양하고 새로운 방법을 생각하여 수행한다. 수업 외에도 흥미를 느끼는 주제나 탐구를 직접 연구해 보고, 그 결과물을 작성해 놓는다.

영재성 검사

잠재된 영재성에 대한 검사로, 영재성을 이루는 요소인 창의성과 언어, 수리, 공간 지각 등에 대한 보통 이상의 지적 능력을 측정하는 문항들을 검사지에 포함시켜 학생들의 능력을 측정한다. 평소 꾸준한 독서를 통해 기본 정보와 새로운 정보를 얻어 응용하는 연습으로 내공을 쌓고, 서술형 및 개방형 문제들을 많이 접해 보고 논리적으로 답안을 표현하는 연습을 한다. 꾸러미시리즈에는 기출문제와 다양한 영재성 검사에 적합한 문제를 담고 있으므로 풀어보면서 적응하는 연습을 할 수 있다.

창의적 문제 해결력(학문적성 검사)

창의적 문제 해결력 검사는 수학, 과학, 발명, 정보 과학으로 구성되어 있으며, 사고 능력과 창의성을 측정하는 것을 기본 방향으로 하여 지식, 개념의 창의적 문제해결력을 측정한다. 해당 학년의 교육과정 범위 내에서 각 과목의 개념과 원리를 얼마나 잘 이해하고 있는지 측정하는 검사이다. 심화 학습과 사고력 학습을 통해 생각의 깊이와 폭을 확장시키고, 생활 속에서 일어나는 일들을 학습한 개념과 연관시켜 생각해 보는 것이 중요하다. 꾸러미시리즈는 교육과정 내용과 심화 학습, 창의력 문제를 통해 기본 개념은 물론, 창의성을 넓게 기를 수 있도록 도와주고 있다.

심층 면접

심층 면접을 통해 영재 교육 대상자를 최종 선정한다. 심층 면접은 영재 행동특성 검사, 포트폴리오 평가, 수행평가, 창의인성검사 등에서 제공하지 못하는 학생들의 특성을 역동적으로 파악할 수 있는 방법이고, 기존에 수집된 정보로 확인된 학생의 특성을 재검증하고, 학생의 특성을 심층적으로 파악하는 과정이다. 이 단계에서 예술 분야는 실기를 실시할 수도 있으며, 수학이나 과학에 대한 실험을 평가하는 등 각 기관 및 시도교육청에 따라 형태가 달라질 수 있다.
면접에서는 평소 관심 있는 분야나 자기 소개서, 창의적 문제 해결력 문제의 해결 과정에 대해 질문할 가능성이 높다. 따라서 평소 자신의 생각을 논리적으로 표현하는 연습이 필요하다. 단답형으로 짧게 대답하기 보다는 자신의 주도성과 진정성이 드러나도록 자신있게 이야기하는 것이 중요하다. 자신이 좋아하는 분야에 대한 관심과 열정이 드러나도록 이야기하고, 평소 육하원칙에 따라 말하는 연습을 해 두면 많은 도움이 된다.

이 책의 구성과 특징

'영재교육원 대비 꾸러미120제' 는 영재교육원 선발 방식, 영재성 평가, 창의적 문제 해결력 평가, 학문적성 검사, 심층 면접의 각 단계를 풍부한 컨텐츠로 평가합니다. 자기주도적인 학습으로 각 단계를 경험해 보세요.

PART 1. 영재성 검사

영재성 검사 영역을 1. 일반 창의성 2. 언어/추리/논리 3. 수리논리 4. 공간/도형/퍼즐 5. 과학 창의성 으로 나누었습니다.
'꾸러미 120제 수학' 에서는 2. 언어/추리/논리, 3. 수리논리 4. 공간/도형/퍼즐 세가지 영역의 문제를 내고 있고,
'꾸러미 120제 과학' 에서는 1. 일반 창의성 2. 언어/추리/논리 5. 과학 창의성 세가지 영역의 문제를 내고 있습니다.

PART 2. 창의적 문제해결 수학

각 선발시험의 기출문제를 기반으로 하고, 신유형 /창의 문제를 추가하여 단계별로 문제를 구성하였고 문제별로 상, 중, 하 난이도에 따라 점수 배분을 다르게 하고 스스로 평가할 수 있게 하여 단원 말미에 성취도를 확인할 수 있습니다.

PART 3. STEAM / 심층면접

과학(S), 기술(T), 공학(E), 예술(A), 수학(M)의 융합형 문제를 출제하여 복합적으로 사고할 수 있도록 하였고, 영재교육원의 면접방식에 따른 기출문제로 면접 유형을 익히고 서술 연습할 수 있도록 하였습니다.

CONTENTS
차례

A+B
CREATIVE
THINKING!
GO
the BEST
꾸러미120제

Part 1

영재성 검사

① 언어 / 추리 / 논리

② 수리논리

③ 공간 / 도형 / 퍼즐

1 영재성 검사 언어/추리/논리

01. 아래의 <예시> 와 같이 우리가 쓰는 단어 중에는 두 가지 이상의 의미를 포함하는 단어들이 존재한다.

보기

단어 : 떼다

문장 1 : 관리인이 벽에서 포스터를 떼었다.

문장 2 : 그녀는 부지런히 발을 떼었다.

문장 3 : 그녀는 머리를 숙인 채 계속해서 입을 떼지 않았다.

<보기> 의 문장 1 , 문장 2, 문장 3 에 쓰인 '떼다 ' 의 의미가 모두 들어가도록 하나의 이야기를 만들려고 한다. 박물관의 도자기를 몰래 훔치려는 도둑의 이야기를 만들어 보시오. [5 점]

예시 답안 / 평가표 ············> P.2

영재교육원 기출 유형

02. 아래의 글을 읽고 무한이네 어머니가 무한이에게 했을 말을 속담이나 격언을 사용하여 적어 보시오. [4 점]

여름방학이 되어서 무한이는 가족들과 함께 여행을 가고, 친구들과 어울리면서 즐거운 시간을 보냈습니다. 방학 후 일주일의 시간은 너무나 빠르게 지나갔습니다. 무한이는 문득 선생님이 내주신 방학숙제가 있었던 것이 생각났습니다. 그러나 무한이는 엄청난 방학숙제의 양을 보고, 숙제를 해낼 엄두를 못 내고 있었습니다. 무한이는 숙제를 하고 싶었으나 어디서부터 숙제를 해야 할지 몰라서 숙제를 포기하고 게임을 하고 있었습니다. 이런 상황을 지켜보던 무한이네 어머니는 무한이가 스스로 숙제를 하나씩 해나갈 수 있도록 도움을 줘야겠다고 생각했습니다. 게임이 끝나길 기다린 무한이네 어머니는 조용히 무한이를 불러 이렇게 말했습니다.

"무한아, [　　　　　　　　　　　　　　　　] "

03. 아래의 글은 동화 '손톱먹은 들쥐' 내용 일부이다. 아래의 글을 읽고, 내가 스님이라면 도령에게 어떤 해결책을 제시했을지 3 가지 쓰시오. [5 점]

옛날 옛날에 절에 딸린 암자에서 글을 공부하던 도령이 있었다. 어느 날 도령이 손톱 발톱을 깎고 있는데, 스님이 와서 손톱을 함부로 버리면 나쁜 일이 닥치니까 잘 싸서 버리라고 말했다. 하지만 도령은 말을 듣지 않고 손톱 발톱 깎은 것을 숲에다가 던져놓았다. 그 숲에는 한 들쥐가 살았는데 그 들쥐가 도령의 손톱을 먹고는 도령과 똑같은 모습으로 변했다. 들쥐는 도령의 집에 가 도령의 행사를 했다. 도령이 공부를 마치고 집에 돌아가 보니, 자기랑 똑같이 생긴 사람이 먼저 집에 돌아와 있었다.

도령은 깜짝 놀라며 가족들에게 자신이 진짜라고 말했지만 이런저런 다툼 끝에 결국 진짜 도령이 가짜에게 쫓겨나고 만다. 도령은 불현듯 손톱을 함부로 버리지 말라는 스님이 떠올랐다. 그 스님은 부적을 잘 쓰기로 유명하고 덕망이 높다고 소문이지 자자했기에 그 스님을 찾아가면 분명 도움을 받을 수 있을 거로 생각했다. 도령은 스님을 찾아가 하소연을 했다. 이야기를 듣던 스님은 도령에게 해결책을 제시했다.

- '손톱먹은 들쥐' 의 내용 중 -

해결책 1 :

해결책 2 :

해결책 3 :

CREATIVE THINKING!

예시 답안 / 평가표 → P.3

영재교육원 기출 유형

04. 학생 명구와 은철, 현석, 일호, 승욱, 현택이 6 명은 자전거 타기, 택시 타기, 마을버스 타기, 간선버스 타기, 지하철 타기, 걸어가기의 6 가지 이동수단을 서로 각각 다르게 하나씩 선택하여 서울역에서 경복궁으로 이동했다. 각자가 선택한 이동수단에 대한 조건이 아래와 같을 때, 각 학생이 선택했을 이동방법이 무엇인지 쓰시오. [5 점]

(단, 서울역에서 경복궁으로 가는 시간은 택시를 탈 때는 15 분, 지하철을 탈 때는 31 분, 걸어갈 때는 40 분, 마을버스를 탈 때는 23 분, 간선버스를 탈 때는 20 분, 자전거를 탈 때는 10 분이 각각 소요되며 학생들은 서울역에서 동시에 출발한다.)

<조건>
(가) : 은철이는 간선버스를 타고 이동했다.
(나) : 현석이의 도착 순서는 일호와 승욱이의 사이였다.
(다) : 승욱이는 명구보다 늦게 도착했다.
(라) : 도착까지 걸리는 소요 시간은 일호가 승욱이 보다 더 길었다.
(마) : 일호는 현택이보다 일찍 도착했다.

명구 :

은철 :

현석 :

일호 :

승욱 :

현택 :

05. 아래의 이야기를 읽고, 글의 내용과 어울리도록 이야기의 제목을 만들어 보고, 그렇게 제목을 정한 이유를 설명해 보시오. [4 점]

한 부인의 집에 친구들이 놀러 오게 되었다. 부인은 평소 요리를 전혀 하지 못하지만 그러한 모습을 친구들에게 보이기 싫었다. 그래서 다른 집에서 음식을 가져와 그럴듯하게 자기 집의 그릇에 옮겨 친구들에게 주었다. 방의 이곳저곳을 보던 친구들이 부엌이 너무나 깨끗한 것을 이상하게 여겨 부인에게 물어봤다.
“음식을 이렇게나 많이 했는데 그 많은 설거지를 우리가 오기 전에 전부 치운 거야?”
그러자 부인이 대답했다.
“나는 평소에도 요리를 많이 만들어 먹어서 이 정도 설거짓감을 치우는 것쯤은 가뿐해. 하루에 한 번은 꼭 이 오븐을 이용해 요리하고 오븐 안을 치우지.”
부인은 자기가 평소에 얼마나 가정적인 사람인지를 강조하기 위해 친구들에게 거짓말을 했다. 말을 마치고 부인은 보석이 박힌 새로 산 반지들을 친구들에게 하나씩 보여주었고, 친구들은 부인과 함께 이야기하다가 집으로 돌아갔다. 친구들이 돌아간 후 반지들을 정리하던 부인은 새로 산 반지 중 하나가 사라진 것을 발견했다. 친구들을 의심한 부인은 다녀간 친구들에게 일일이 전화를 걸어 반지의 행방을 캐물었지만, 반지를 가져갔다고 말하는 사람은 아무도 없었다. 그런데 일주일이 지난 후 부인은 한 장의 편지를 받았다. "미안해 친구야. 반지는 내가 훔쳤어. 그러나 반지가 가지고 싶어서 반지를 훔친 건 아니야. 반지는 네가 맨날 요리한다던 오븐 안에 있어.” 그 편지를 읽고 부인의 얼굴은 달궈진 오븐처럼 벌겋게 달아올랐다.

예시 답안 / 평가표
> P. 4

영재교육원 기출 유형

06. 다음 글은 무한이의 일기의 내용이다. 다음 글을 읽고, 무한이에게 일어난 사건을 순서대로 나열해 보시오. [5 점]

가. 세탁소를 지나자 더 넓은 도로가 나타났다. 이때, 의심이 가는 장소가 한 곳 떠올랐다. 바로 집 앞에 있는 놀이터였다. 하지만 그곳에는 아이스크림 쓰레기 밖에 보이지 않았다. 그곳에는 상상이가 있었는데 이미 한참을 놀았다며 집으로 돌아간다고 했다.

나. 세탁소를 지나가다 세탁소에 옷을 맡기고 있는 상상이를 만났다. 상상이는 집 앞 놀이터에서 같이 놀자고 했다. 나는 생각해보고 돌아오는 길에 별일이 없으면 들르겠다고 얘기했다.

다. 아이스크림을 고르고 계산을 하기 위해 주머니를 뒤지던 중 지갑이 없어졌음을 깨달았다. 왔던 길에 지갑을 흘린 것 같았다.

라. TV 를 보다가 아이스크림을 먹고 싶어서 지갑을 챙기고 세탁소를 뒤에 있는 마트로 향했다.

마. 세탁소 쪽으로 걸어가면서 주변을 살펴봤지만, 아무것도 찾을 수 없었다.

07. 아래에는 어떤 나라 이름의 자음과 모음이 임의로 펼쳐져 있다. 주어진 자음과 모음을 모두 사용하여 낱말을 만든다면 그 낱말은 무엇인지 말해 보시오. [5 점]

ㅜ ㄱ ㄹ ㅏ ㅌ ㅗ ㄹ ㅍ ㅡ

예시 답안 / 평가표 ⋯⋯⋯> P.5

신유형 문제

08. 빈방에 바둑판이 놓여있고 그 옆에 검은 돌과 흰 돌이 4 개씩 놓여있다. 학생 1 ~ 6 은 한 명씩 빈방에 들어가 8 개의 돌 중 하나를 바둑판에 올려놓고 왔다. 학생들이 올려놓고 온 바둑돌에 대한 <조건> 이 아래와 같을 때, 학생들이 방을 들어간 순서와 교실에 들어가 바둑판 위에 올려둔 돌의 색을 각각 적어 보시오. [6 점]

<조건>

(가) : 학생 1 과 학생 1 의 바로 앞에 빈방에 들어간 사람은 바둑판에 올려둔 돌의 색깔이 다르다.
(나) : 학생 3 이 돌을 올려두자 처음으로 바둑판에서 흰색 돌의 개수가 검은색 돌의 개수보다 많아졌다.
(다) : 학생 4 가 올려둔 색깔의 돌은 다른 색깔의 돌보다 개수가 적다.
(라) : 학생 5 가 돌을 올려두자 흰 돌과 검은 돌의 개수가 같아졌다. 검은 돌의 개수와 흰 돌의 개수가 같아진 건 학생 5 가 돌을 올려둘 때 뿐이었다.
(마) : 학생 6 이 돌을 올려두니 검은 돌이 흰 돌을 사방에서 가둘 수 있었다.
(바) : 5 번째, 6 번째로 돌을 둔 사람은 흰 돌을 두지 않았다.

학생	빈 방에 들어간 순서	바둑판에 두고 온 돌의 색깔
학생 1		
학생 2		
학생 3		
학생 4		
학생 5		
학생 6		

09. 어느 학교의 학생 장기자랑의 참가 학생은 A ~ G 로 총 7 명이다. 장기자랑이 끝난 후 사회자는 시상을 위해 학생들을 무대 위로 불렀다. 사회자는 알파벳 순서대로 왼쪽에서부터 학생들을 일렬로 세운 뒤 총 최우수상 1 개, 우수상 2 개, 인기상 1 개, 참가상 3 개를 수여했다. 상을 받은 학생들의 조건이 아래와 같을 때, 최우수상과 인기상을 받은 학생은 누구인지 쓰시오. [5 점]

(단, 한 사람당 하나의 상만 받았으며, 최우수상, 우수상, 인기상, 참가상 순으로 상의 순위가 높다.)

조건 1 : D 의 왼쪽에는 최우수상을 받은 사람과 우수상을 받은 사람이 있다.
조건 2 : E 보다 F 가 순위가 낮은 상을 받았다.
조건 3 : 우수상을 받은 사람 사이에는 2 명의 학생이 있다.
조건 4 : D 외에 참가상을 받은 두 사람 사이에는 3 명이 있다.
조건 5 : D 는 참가상을 받았다.

예시 답안 / 평가표 ············> P.6

영재교육원 기출 유형

10. 6 명의 학생들이 원형 식탁에 앉아 서로 좋아하는 동물을 얘기했다. 다음 <보기> 의 (가) ~ (바)를 통해 강아지를 좋아하는 사람은 누구인지 고르시오. [6 점]

(단, 학생들이 좋아하는 동물은 모두 다르다.)

(가) 수진이는 유진이 옆에 앉아 있는 사람과 마주 보고 앉아 있다.
(나) 유진이의 맞은편에 앉아 있는 사람은 고양이를 좋아한다.
(다) 준영이는 기린을 좋아하고, 유진이 옆에 앉아 있는 사람은 사자를 좋아한다.
(라) 준영이 맞은편에 앉아 있는 사람은 토끼를 좋아한다.
(마) 수영이의 양옆에는 준영이와 유진이가 앉아 있다.
(바) 우혁이의 맞은편에 앉아 있는 사람은 호랑이를 좋아한다.

2 영재성 검사 수리논리

교육청 영재교육원 기출 유형

01. 다음 나열된 수의 규칙을 찾아보고, 40 번째에 나올 숫자를 쓰시오. [5 점]

1 2 1 2 3 2 1 2 1 2 3 2 1 2 3

4 3 2 1 2 3 2 1 2 1 2 3 2 1.....

나열된 수들은 1 을 공유하며 숫자들이 규칙에 따라 연결되어 있어.

교육청 영재교육원 기출 유형

02. 무한, 상상, 알탐이 세 명은 총 24 개의 구슬을 가지고 있다. 무한이는 자신이 가지고 있던 구슬을 각각의 개수가 같도록 세 묶음으로 나눈 다음, 그중 한 묶음을 자신이 가지고 나머지 두 묶음을 상상이와 알탐이에게 각각 나누어 주었다. 그 후 알탐이는 무한이와 상상이에게 2 개씩 구슬을 주고, 상상이는 알탐이에게 1 개의 구슬을 주었더니 세 명이 가지고 있는 구슬의 개수가 같아졌다. 처음 세 명이 가지고 있던 구슬의 개수가 각각 몇 개인지 구하시오. [4 점]

예시 답안 / 평가표 ············> P.8

교육청 영재교육원 기출 유형

03. 무한이의 생일을 맞아 상상이와 알탐이, 그리고 영재가 무한이네 집에 놀러 왔다. 무한이를 포함한 4 명은 하나의 케이크를 4 명이 나누어 먹었다. 나누어 먹은 양이 아래와 같을 때, 물음에 답하시오. [6 점]

(가) 영재는 상상이와 무한이 중 한 사람이 가져간 케이크 양의 2 배를 가져갔다.
(나) 알탐이는 무한이와 영재 중 한 사람이 가져간 케이크 양의 1.5 배를 가져갔다.
(다) 무한이는 두 번째로 케이크를 많이 가져갔다.

(1) 케이크를 많이 가지고 간 사람 순서대로 나열하고, 왜 그렇게 생각하는지 쓰시오.

(2) 무한이가 가지고 간 케이크는 전체 케이크를 4 등분 한 케이크 한 조각보다 양이 많을지 적을지 설명해 보시오.

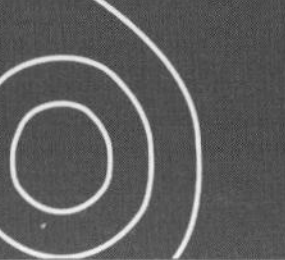

04. 무한이는 월요일, 화요일, 수요일에는 상체운동을 하고, 목요일과 금요일에는 하체운동을 한다. 매달 첫째 주와 셋째 주에 운동하며 첫째 주는 월요일, 수요일, 금요일에 운동하고, 셋째 주는 화요일, 목요일에 운동한다. 아래의 <표> 는 무한이가 하는 운동의 종류를 나타낸 것이다.

상체 운동과 하체 운동의 주기를 각각 생각해 보자.

상체운동	하체운동
철봉운동	계단 오르기
팔굽혀펴기	앉았다 일어나기
윗몸 일으키기	운동장 돌기
아령 들기	

〈표〉

무한이는 하루에 한 종류의 운동만 하며 아래 <보기> 와 같이 같은 운동을 연속으로 5 번 운동한 다음에 다음 운동으로 넘어간다고 한다. 2019 년 1 월 첫째 주 월요일에 철봉운동부터 운동을 시작한다면 운동의 주기가 다시 돌아오는 것은 몇 년 몇 월달인지 구해 보시오. 단, 상체운동과 하체운동은 각각 <표> 에서 위에 있는 운동부터 아래에 있는 운동 순으로 돌아가면서 운동한다. [5 점]

보기

2019 년 1월 운동계획

	월	화	수	목	금
첫째주	철봉운동		철봉운동		계단오르기
둘 째주					
셋 째주					
넷 째주		철봉운동		계단오르기	

예시 답안 / 평가표 ⋯⋯⋯> P. 10

교육청 영재교육원 기출

05. 1 ~ 4 까지의 수가 가로, 세로에 한 번씩만 들어가도록 아래의 빈칸에 숫자를 쓰시오. (단, 부등호가 있는 칸의 숫자는 부등호가 성립하도록 들어가야 한다.) [4 점]

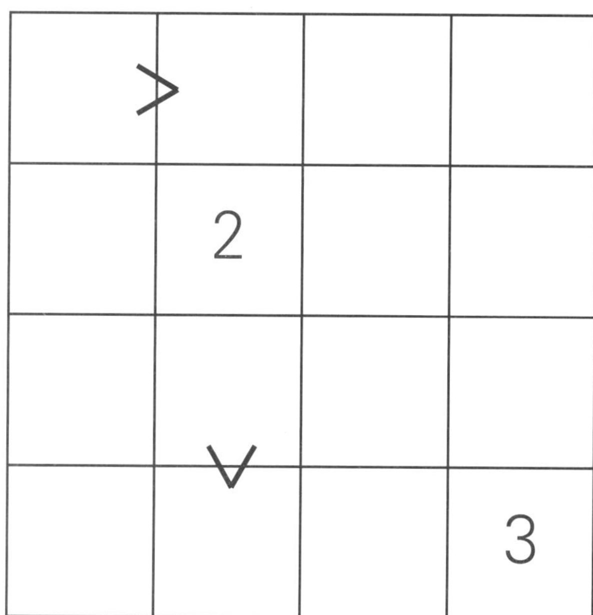

교육청 영재교육원 기출 유형

06. 한 도시에 건물 (가) 와 (나) 가 있다. 건물 (가) 와 (나) 의 층수에 대한 조건이 아래와 같을 때 각각의 건물의 층수를 구하시오. [6 점]

각 건물 층수의 십의 자리 숫자와 일의 자리 숫자를 문자로 두고, 조건에 맞게 식을 써보자.

<조건>

① 두 건물은 모두 10 층 이상이다.
② 건물 (나) 는 50 층이 되지 않는다.
③ 건물 (가) 의 층수의 십의 자리 숫자와 일의 자리 숫자를 바꾼 값은 건물 (나) 의 층수의 십의 자리 숫자와 일의 자리 숫자를 바꾼 값에 5 를 빼준 값과 같다.
④ 건물 (나) 의 층수의 십의 자리 숫자와 일의 자리 숫자를 바꾼 값에 15 를 빼준 값은 건물 (가) 의 층수의 절반이다

예시 답안 / 평가표 ············> P. 11

신유형 문제

07. 칸이 100개로 나누어진 <판 A>, <판 B> 가 있다. 무한이는 일정한 규칙을 따라 <판 A> 의 작은 칸을 검은색으로 색칠했다. <판 A> 가 위로 가도록 <판 A> 와 <판 B> 를 위 아래로 붙이고 <판 A> 와 같은 규칙으로 이어서 <판 B> 의 작은 칸을 검은색으로 칠한다면 어떻게 칠할 수 있을지 색칠해 보시오. [5 점]

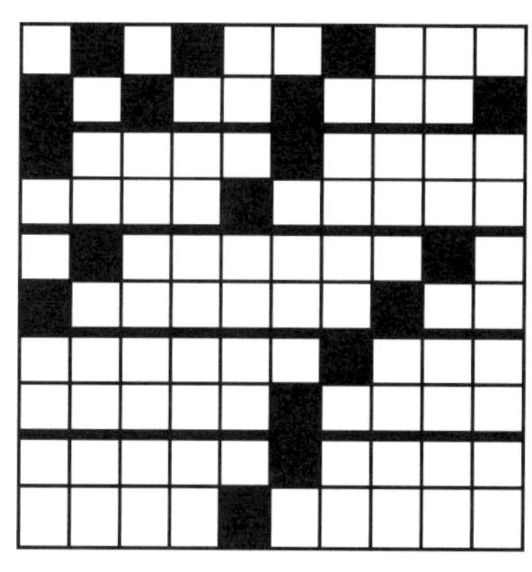
〈판 A〉

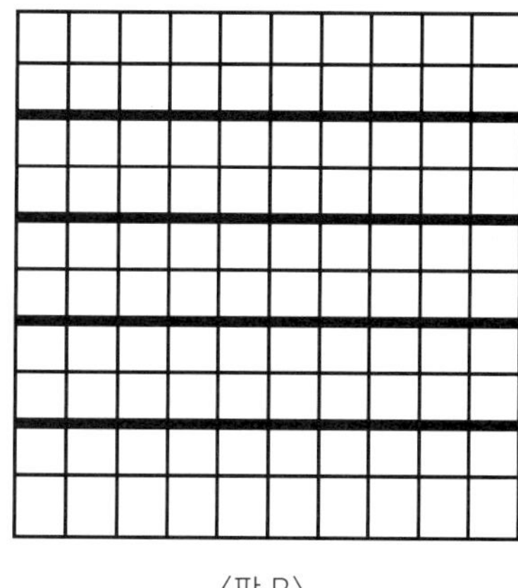
〈판 B〉

08. 아래에는 <그림 1> 과 <그림 2> 에는 일정한 규칙에 따라 수들이 적혀있다. 이와 같은 규칙을 사용하여 72 부터 숫자를 적으려고 할 때, 빈칸에 알맞은 수를 쓰시오. [5 점]

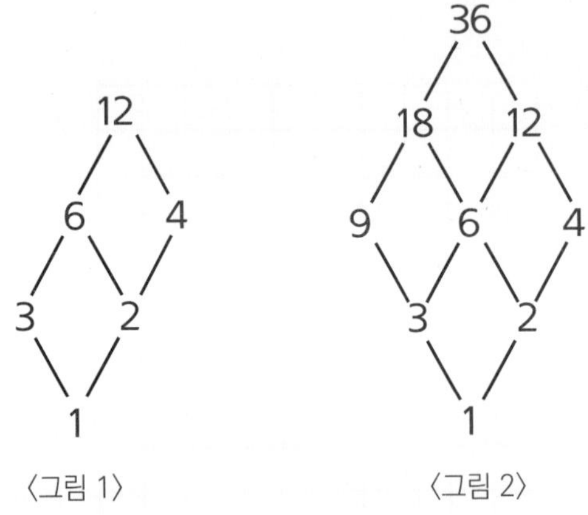

〈그림 1〉 〈그림 2〉

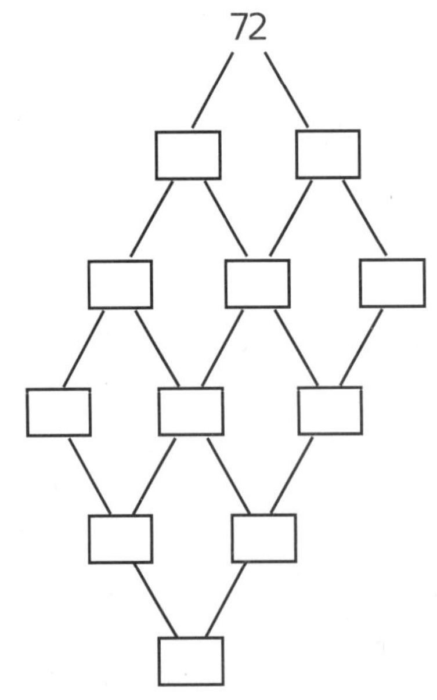

예시 답안 / 평가표 ....> P. 12

교육청 영재교육원 기출

09. 아래와 같은 <조건> 이 주어졌을 때, 10 개의 성냥개비를 이용하여 <보기 > 그림을 만들었다. <보기 > 그림의 상태에서 2 개의 성냥개비를 이동하여 계산 결과가 5 나 8 인 식을 가능한 많이 만드시오. [5 점]

<조건>

① 성냥개비 사이의 간격은 무시한다.

② 성냥개비의 개수는 수로 생각한다.

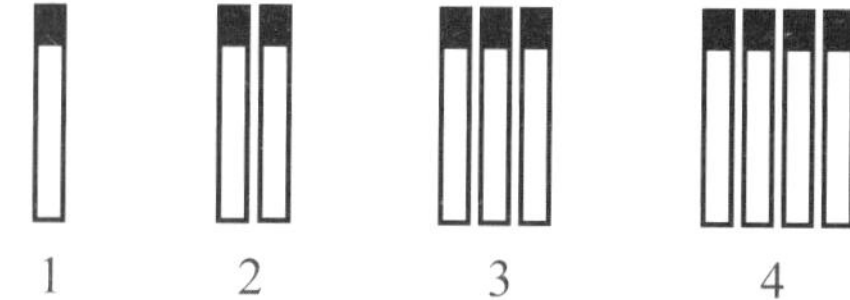

③ 위치의 배열을 달리한 경우는 같은 것으로 간주한다.

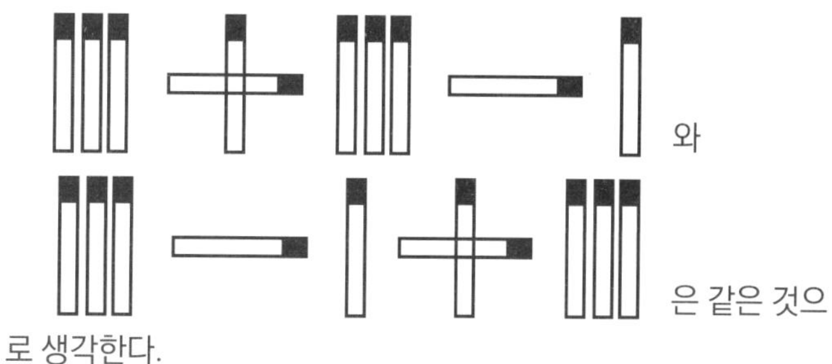

로 생각한다.

보기

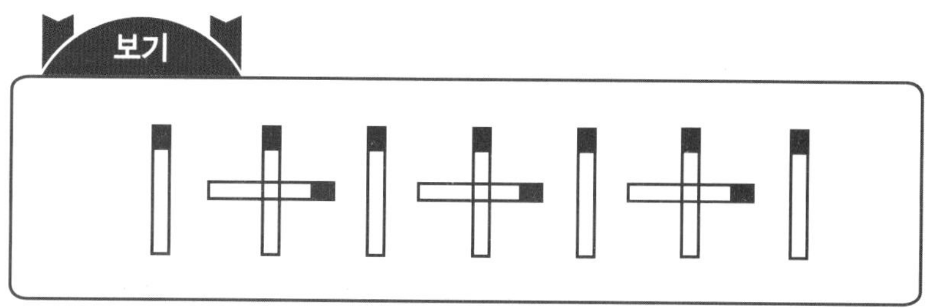

영재교육원 기출 유형

10. 아래의 그림에서 한 칸 안에 있는 기호는 어떤 수를 나타내며, 기호에 해당하는 수 들의 합을 가운데 칸에 써 놓은 것이다. [5 점]

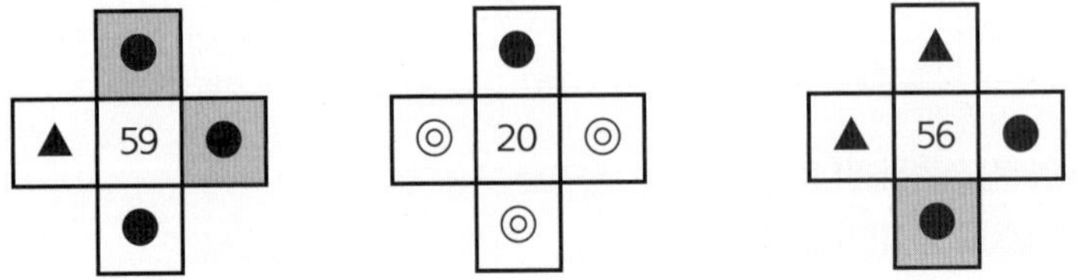

위 그림의 규칙에 따라 계산할 때, 아래의 그림에서 (가) 의 값을 쓰시오. (단, 회색 바탕의 칸은 기호에 해당하는 수의 10 배로 한다.)

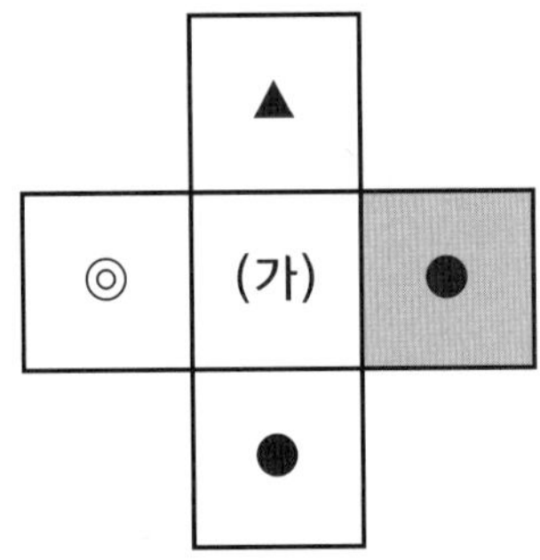

예시 답안 / 평가표 ....> P. 14

11. 알파벳과 기호 ○ 를 아래와 같이 일정한 규칙에 따라 나열하였다. 빈칸에 들어갈 기호 또는 알파벳들이 무엇인지 말해 보시오. [5 점]

○ A ○ B ○ C ○ B B ○ D ○ B C ○ E ○ B B B ○ C

C ○ B D ○ F ○B B C ○ G ○ B E ○ C D ○ B B B B

○ H ○ B C C ○ I [○ B B D] ○ C E.....

영재교육원 기출 유형

12. 아래의 <조건> 에 따라 1 부터 9 까지의 숫자 9 개를 아래 빈칸에 일렬로 나열할 때, 알맞은 숫자를 쓰시오. [6 점]

4 와 7 사이에 있는 숫자들과 4 와 7 을 합한 값은 39 야.

<조건>
(가) : 8 과 1 사이에는 2 개의 숫자가 있다.
(나) : 4 와 7 사이에 있는 숫자들의 합은 28 이다.
(다) : 4 와 5 사이에 있는 숫자들의 합은 11 이다.
(라) : 이웃하는 두 수의 차가 1 인 것은 없다.
(마) : 9 는 1 보다 오른쪽에 적혀있다.

교육청 영재교육원 기출

13. 다섯 자리 수 A407B 가 72 의 배수 일 때, A, B 가 나타내는 숫자를 각각 구하시오. [4 점]

다섯 자리 수가 72 의 배수가 되려면 8 의 배수이면서 9 의 배수이어야해.

영재교육원 기출 유형

14. 299 은 각 자리에 있는 숫자의 곱이 $2 \times 9 \times 9 = 162$ 으로 100 보다 크다. 300 보다 작은 자연수 중에서 각 자리에 있는 숫자의 곱이 100 보다 큰 수는 모두 몇 개인지 말해 보시오. [4 점]

예시 답안 / 평가표 ………… P. 16

15. 작은 삼각형을 이어붙인 도형에 아래와 같이 일정한 규칙으로 숫자들을 적었다. 평행사변형 모양의 도형에 숫자를 다 채우면 같은 모양의 평행사변형 도형을 옆에 붙여 이와 같은 규칙을 반복해서 숫자들을 이어 적는다. 이때, 아래의 평행사변형에서 215 가 적히는 삼각형은 어떤 삼각형일지 색칠해 보시오. [5 점]

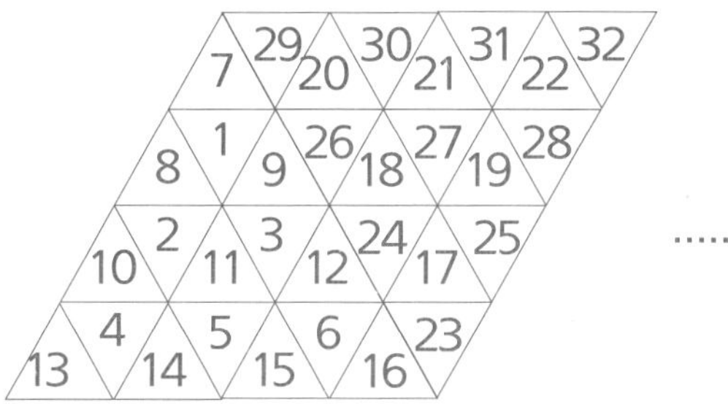

.....

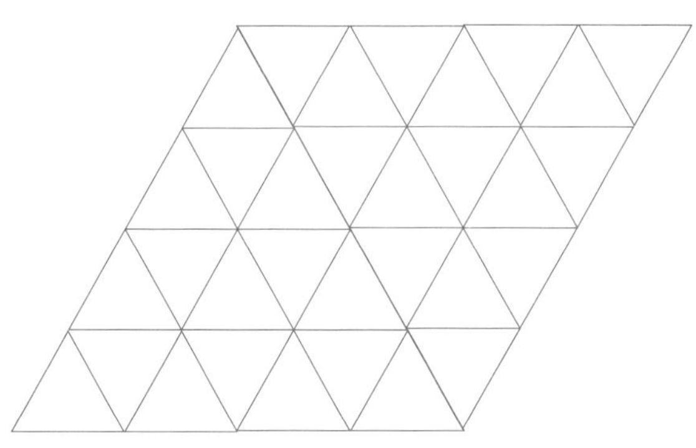

16. * 는 어떤 규칙에 따른 결과값을 나타낸다. <보기> 는 수에 * 에 대한 규칙을 적용했을 때 나온 결과값들이다. 이와 같은 규칙을 적용할 때, 256* 의 값은 얼마인지 구해 보시오. [5 점]

보기

27 * = 9	19* = 7	8* = 4
24 * = 8	31 * = 11	17 * = 7
12 * = 4	16 * = 6	32 * = 12

예시 답안 / 평가표 ············> P. 18

17. 일정한 규칙에 따라 수를 아래와 같이 늘어놓았다. 100 바로 밑에 있는 수는 얼마인지 구해 보시오. [5 점]

100 이 위치하는 줄은 어디일지 생각해 보자.

1 2
3 4 5 6
7 8 9 10 11 12
13 14 15 16 17 18 19 20
⋮

18. +, × 과 숫자 7 네 개를 사용하여 만들 수 있는 200 미만의 자연수 중에서 숫자 7 이 4 개 사용된 수를 모두 구해 보시오. [5 점]

(단, +, × 는 각각 여러 번 사용할 수 있고, 한 번도 사용하지 않을 수 있으며 괄호를 사용할 수 있다.)

19. 무한이는 한 해를 정리하면서 신년 계획을 세웠다. 무한이는 새해를 맞아 2019 년 1 월 1 일부터 시작하여 10 일 간격으로 등산을 하기로 했다. 41 번째로 등산하게 되는 날은 언제인지 구해 보시오. [5 점]

단, 2019 년은 365 일, 2020 년은 366 일이다.

예시 답안 / 평가표 ··········> P. 19

교육청 영재교육원 기출

20. 아래 <보기> 의 바둑돌은 일정한 규칙에 따라 개수가 늘어나고 있다. 아래의 물음에 답하시오. [6 점]

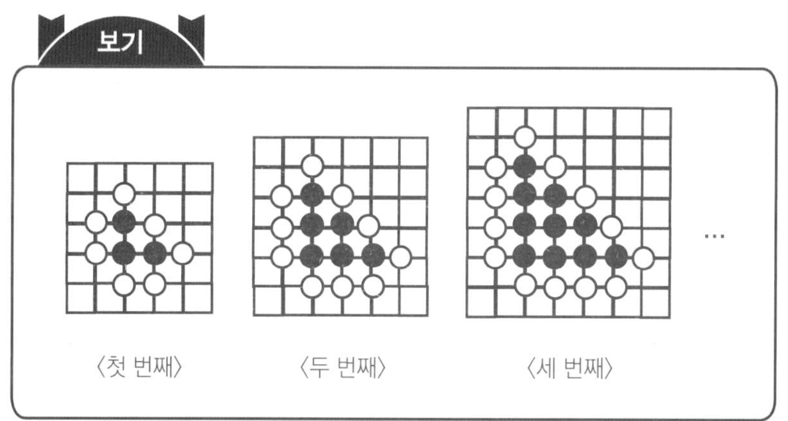

상황이 진행됨에 따라 각 바둑돌의 개수가 어떻게 변화하는지 알아보자.

(1) 12 번째 상황에서 흰 돌은 몇 개 입니까?

(2) 49 번째 상황에서 검은 돌과 흰 돌의 개수의 차는 얼마입니까?

3 영재성 검사 공간 / 도형 / 퍼즐

영재교육원 기출 유형

01. 아래 <보기> 의 6 × 6 정사각형을 크기와 모양이 똑같은 4 조각으로 잘라 보시오. 단, 모든 조각에는 ☆ 이 1 개씩 포함되어야 한다.

[5 점]

				☆	☆
	☆				
	☆				

예시 답안 / 평가표 ··········> P. 21

02. 1층에 7 개, 2 층에 5 개, 3 층에 4 개의 쌓기나무를 쌓으려고 한다. 겉넓이가 최대가 되도록 3 층짜리 쌓기나무를 아래의 <조건> 에 따라쌓을 때, 전체의 겉넓이를 구해 보시오. 단, 쌓기나무 한 면의 넓이는 1 cm^2 이고, 1 층의 밑면은 겉넓이에 포함하지 않는다. [5 점]

<조건>

ⓐ 1 층의 쌓기나무들 중 따로 떨어져 있는 쌓기나무는 없으며, 1 층의 쌓기나무들은 다른 쌓기나무와 면이 완전히 포개지도록 연결되어 있다.

ⓑ 2 층, 3 층에 쌓는 쌓기나무들은 각각 1 층, 2 층에 쌓인 쌓기나무와 한 면이 완전히 포개어지도록 연결되어 있다.

교육청 영재교육원 기출 유형

03. 다음 <보기> 의 퍼즐 조각들을 모두 이용하여, 아래의 7 × 5 직사각형을 채워보려고 한다.

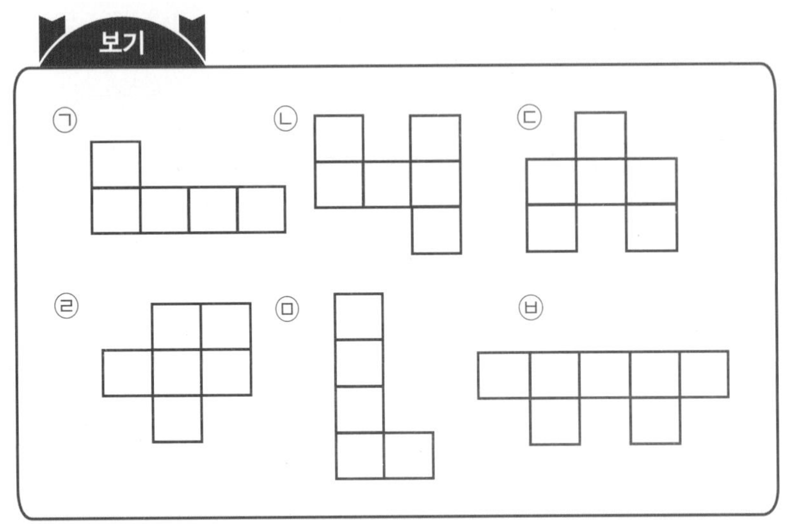

위의 도형 ㉠ ~ ㉥ 을 한 번씩만 이용하여 아래의 직사각형을 가득 채워 보시오. (단, <보기> 의 도형은 회전하거나 뒤집을 수 없다.) [6 점]

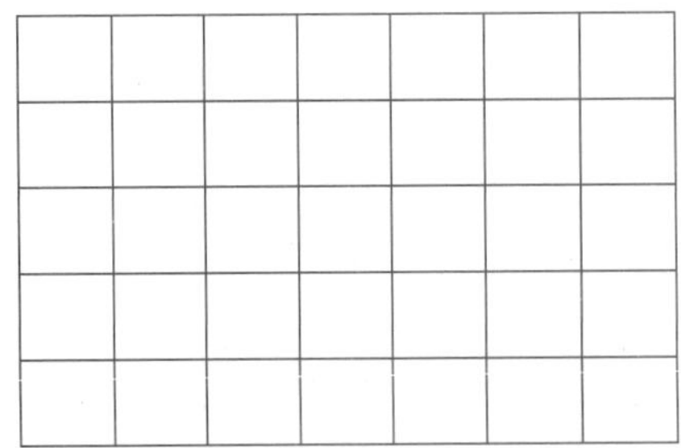

예시 답안 / 평가표 ··········> P. 22

04. 다음 <보기> 는 <도형 A> 와 <도형 A> 의 각 층의 단면을 위에서 보았을 때의 모양을 진한 선으로 그려 놓은 그림이다. 이와 같은 방법으로 <도형 B> 의 1, 2, 3 층의 단면을 위에서 본 모양이 아래와 같을 때, <도형 B> 를 앞, 위, 옆(오른쪽)에서 본 모양을 가장 아래의 칸 모양에 그리시오. [6 점]

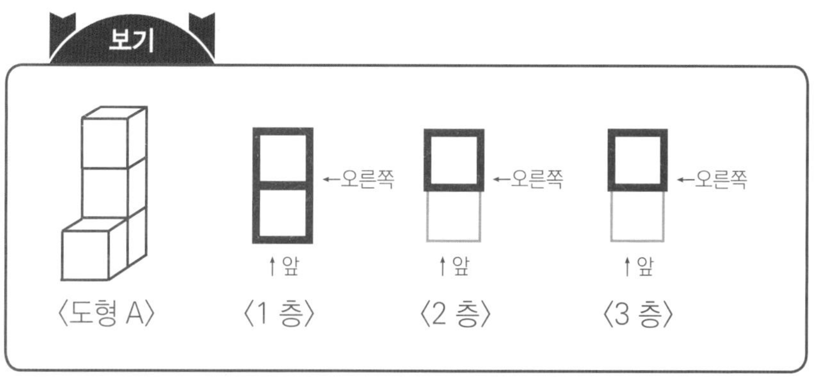

〈도형 A〉 〈1 층〉 〈2 층〉 〈3 층〉

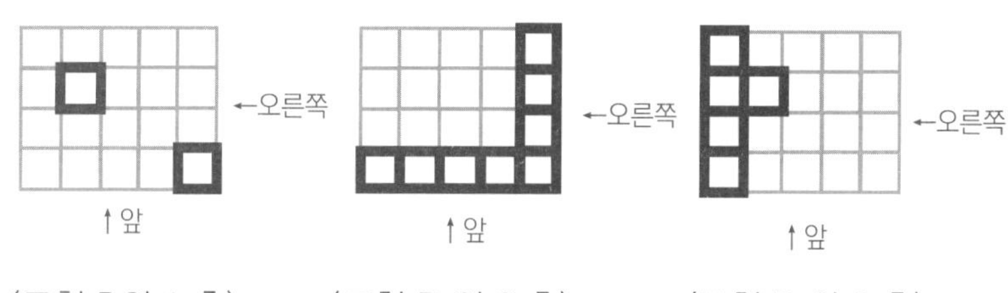

〈도형 B의 1 층〉 〈도형 B 의 2 층〉 〈도형 B 의 3 층〉

〈도형 B 의 앞 모습〉

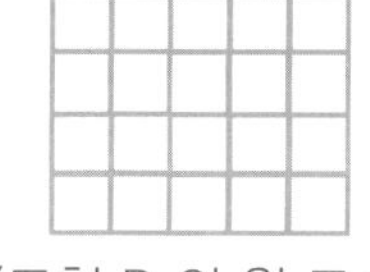

〈도형 B 의 윗 모습〉

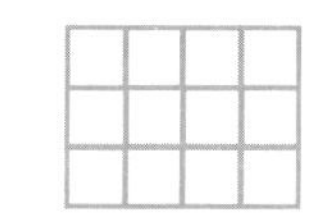

〈도형 B 의 오른쪽 모습〉

교육청 영재교육원 기출 유형

05. 휴대폰 잠금 패턴은 9 개의 점 중 일부를 연결하는 방식으로 만든다. 아래의 그림에서 점을 연결하여 비밀번호를 만들려고 한다. 선분이 3 개, 직각이 2 개 있는 잠금 패턴의 경우의 수를 모두 찾으시오. 단, 연결 방향은 생각하지 않는다. [5 점]

나타날 수 있는 패턴을 빼먹지 않고 꼼꼼하게 세는 것이 중요해.

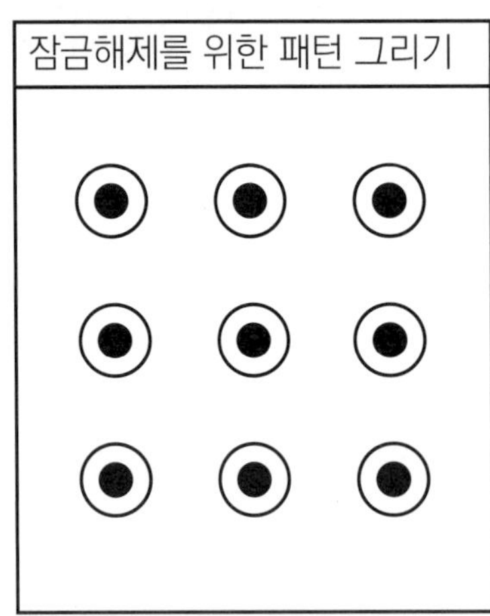

예시 답안 / 평가표
…………> P. 23

06. 아래의 9 개의 도형은 특별한 규칙에 따라 나열되어 있다. 같은 규칙을 따를 때, 아래의 두 빈칸에는 어떤 도형이 들어가야 할지 각각 그려 보시오. [5 점]

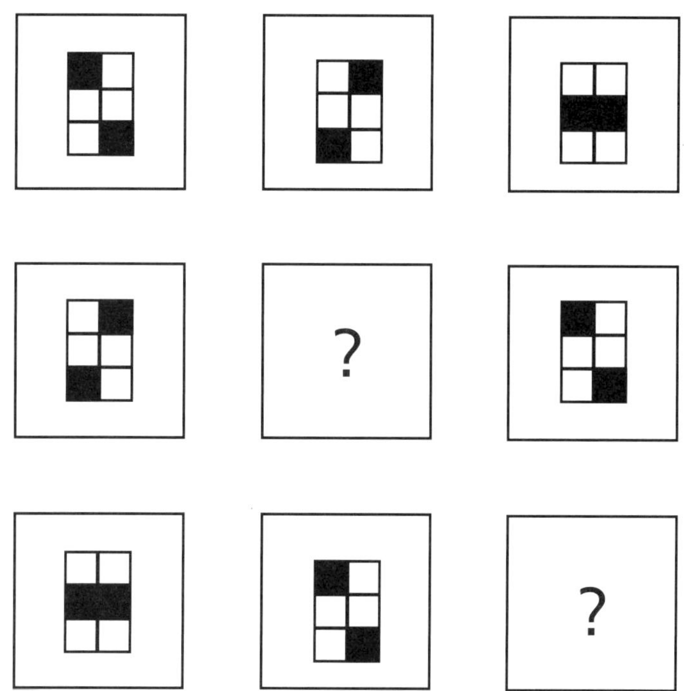

07. 다음 <보기> 에는 <주사위 A> 와 <주사위 A> 를 세 방향에서 본 그림이 있다. <주사위 A> 가 펼쳐진 모습을 완성해 보시오. [6 점]

보기

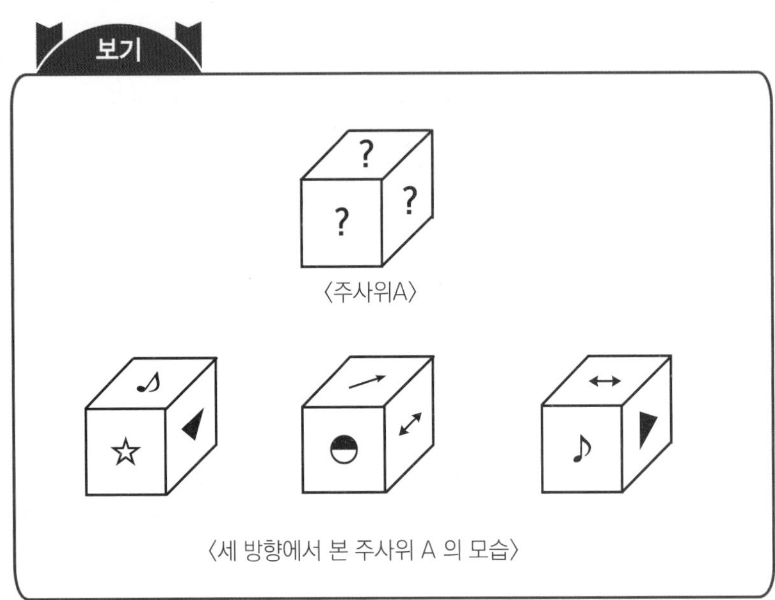

〈주사위A〉

〈세 방향에서 본 주사위 A 의 모습〉

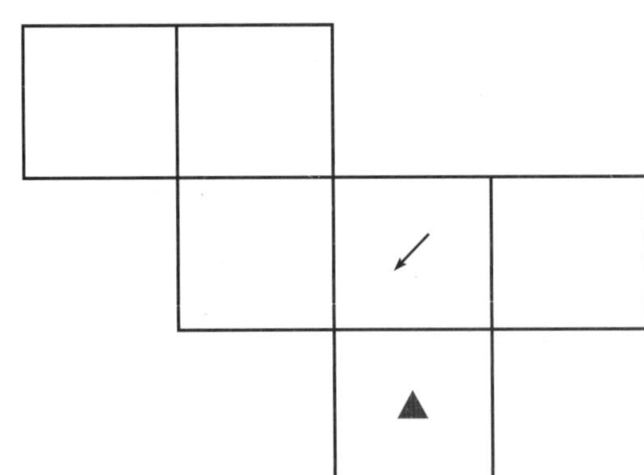

예시 답안 / 평가표
> P. 25

교육청 영재교육원 기출

08. <보기> 는 평행사변형의 넓이를 구하는 방법을 통해 아랫변이 7 cm, 윗변이 5 cm, 높이가 4 cm 인 사다리꼴의 넓이를 구하는 과정을 설명한 것이다. <보기> 의 방법 외에 사다리꼴의 넓이를 구하는 방법을 3 가지 찾아 설명해 보시오. 단, 가로, 세로의 길이가 1 cm 인 정사각형으로 이루어진 모눈종이를 사용할 수 있다. [5 점]

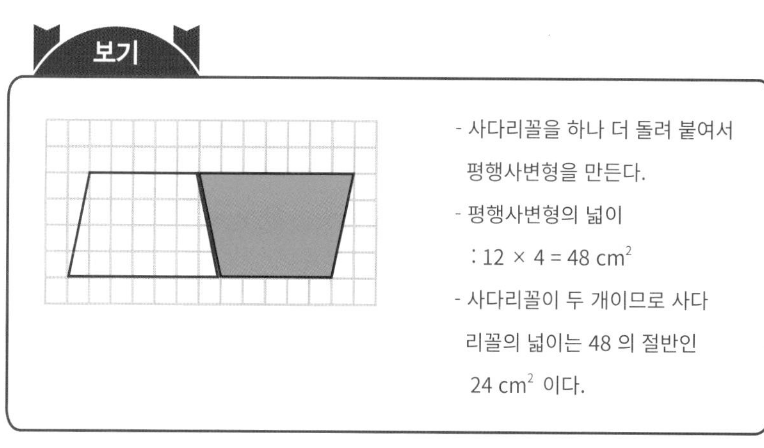

09. 아래의 <보기> 의 그림은 꼭지점 A, B, C, D, E, F, G, H, I 로 이루어진 도형이다. 다음의 물음에 답하시오.

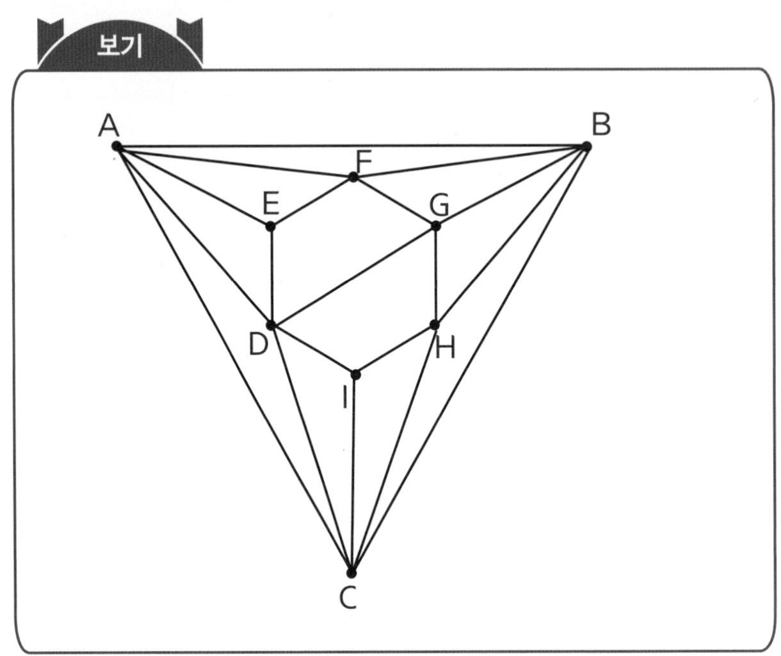

자신이 사용한 색의 개수보다 더 적은 색으로 도형을 색칠할 수 있는지 검토해 봐야 해.

이 도형의 각각의 면을 색칠하려고 한다. 인접하는 면끼리는 다른 색을 칠한다고 할 때, 모든 면을 색칠하는 데 필요한 색의 최소 갯수를 말해 보시오. (단, 같은 색을 여러 번 사용할 수 있다.) [4 점]

예시 답안 / 평가표 ············> P. 26

10. 아래의 <보기> 에는 길이가 같은 선분 4 개를 겹쳐서 오직 3 개의 삼각형을 만드는 하나의 방법이 나타나 있다.

보기

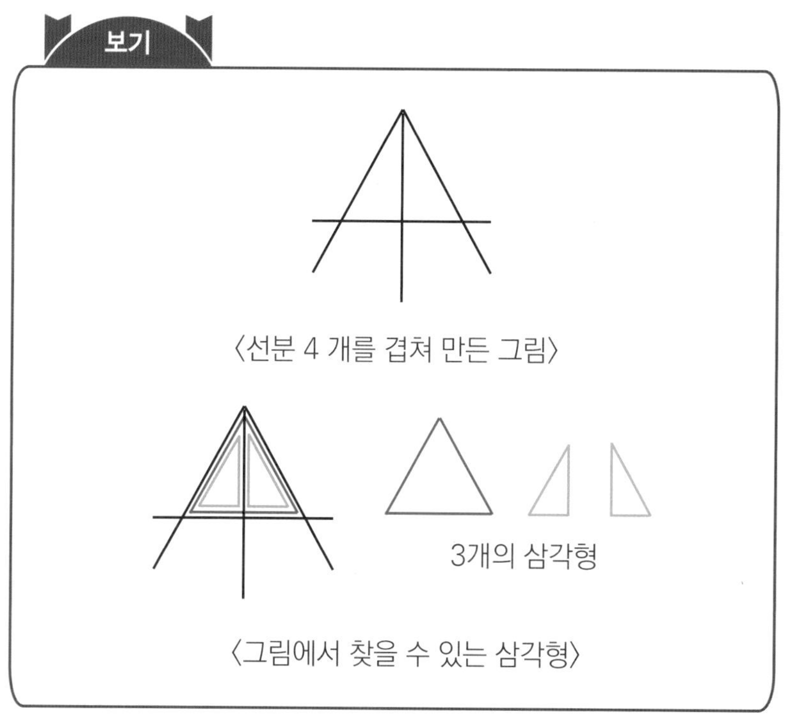

길이가 같은 선분 6 개를 이용하여 오직 6 개의 삼각형을 만드는 방법을 3 가지 이상 설명해 보시오. (단, 하나의 선분은 적어도 하나의 삼각형의 변을 포함한다.) [5 점]

영재교육원 기출 유형

11. 다음 <보기> 는 선이 겹치거나 교차하지 않게 격자 선을 따라 같은 색의 점을 연결한 것이다. <보기> 와 같은 방법으로 아래의 그림에서 같은 색의 점을 연결해 보시오. [5 점]

보기

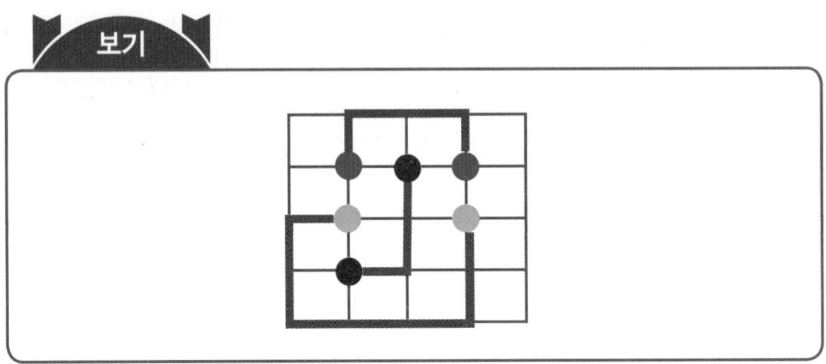

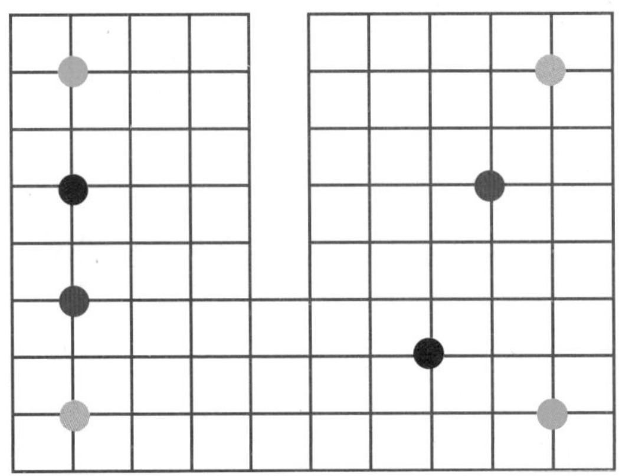

예시 답안 / 평가표 ···········> P. 28

영재교육원 기출 유형

12. 다음 <보기> 의 (가) ~ (라) 는 정사각형의 종이를 순서대로 접는 과정이다. (라) 에서 회색 부분을 가위로 오린 후 펼쳤을 때, 나타나는 모양을 아래 정사각형 위에 그리시오. [5 점]

과정을 거꾸로 올라가면서 잘려진 모양을 추측해 보자.

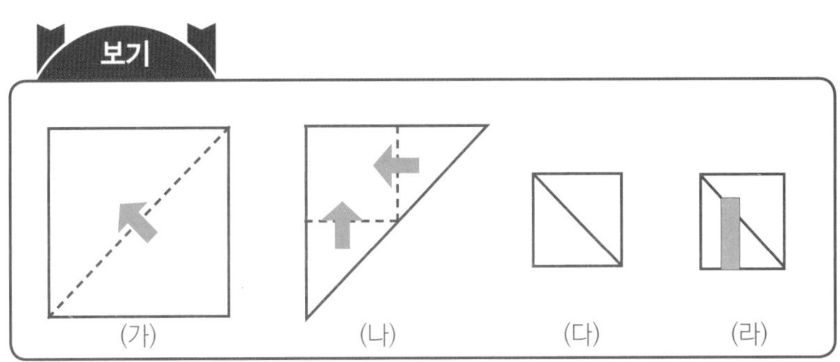

13. <보기> 의 직사각형 모양의 철판을 절단기를 이용하여 아래 그림과 같이 조각을 내려고 한다. 절단기를 철판에서 떼지 않고 7 개의 조각을 잘라낼 수 있는지 설명하시오. (단, 절단기로 한번 자른 곳은 다시 지나갈 수 없다.) [4 점]

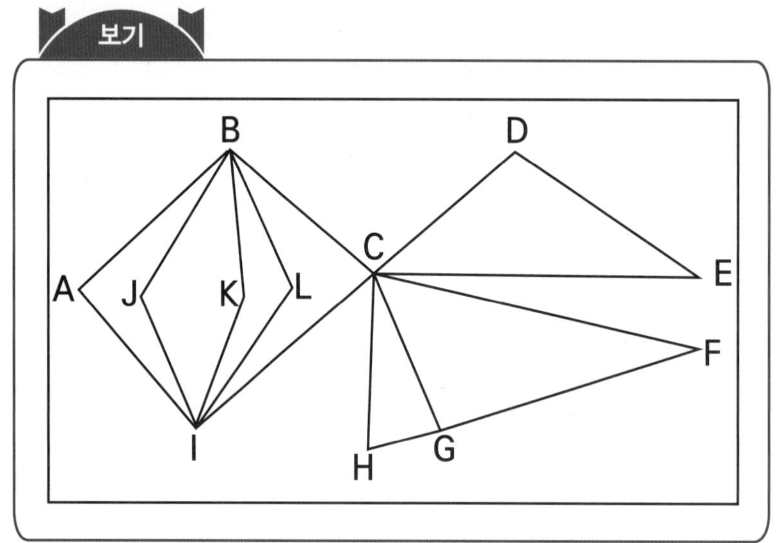

예시 답안 / 평가표 ············> P. 29

교육청 영재교육원 기출

14. 아래의 커다란 원 안에 그 원보다 작은 원 5 개를 그리려고 한다. 이 때, 이 원 5 개로 나누어지는 영역의 최대 개수를 구해 보시오. (단, 작은 원은 큰 원에 접할 수 있다.) [4 점]

나누어지는 영역의 개수가 최대가 되려면 어떻게 그려야 할지 생각해 보자.

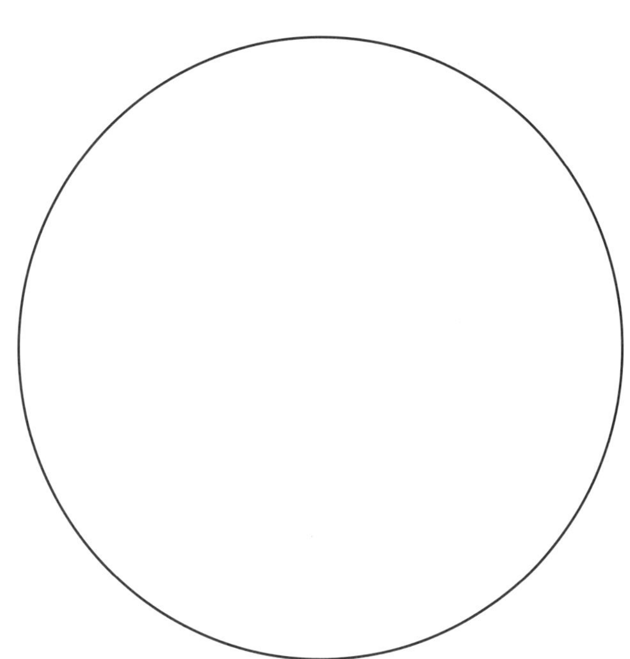

15. 다음 그림은 152 개의 블록을 쌓아놓은 것이다. 표면이 검은색 블록은 표면에 보이는 면에서 반대쪽 면까지 한 줄로 붙어 있다. 이때 152 개의 블록 중에서 검은색 블록의 개수는 모두 몇 개인지 구해 보시오. (단, 작은 정육면체의 윗면에 있는 검은색 블록은 아래에 붙어있는 큰 정육면체까지 이어져 있다.) [6 점]

주어진 그림은 큰 정육면체와 작은 정육면체로 분리할 수 있어.

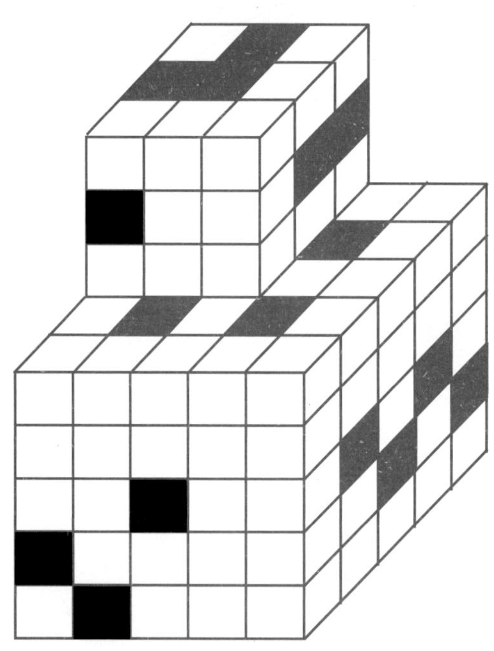

예시 답안 / 평가표 ············> P. 31

16. <보기> 와 같이 ①, ②, ③, ④ 의 블록을 쌓은 모양이 있다. ①, ②, ③, ④ 중 세 개는 서로 다른 모양의 두 블록 조각 A, B 를 각각 다른 방법으로 붙여 만든 것이다. 블록 조각 A, B를 붙여 만든 것이 아닌 모양을 고르시오. [5 점]

보기

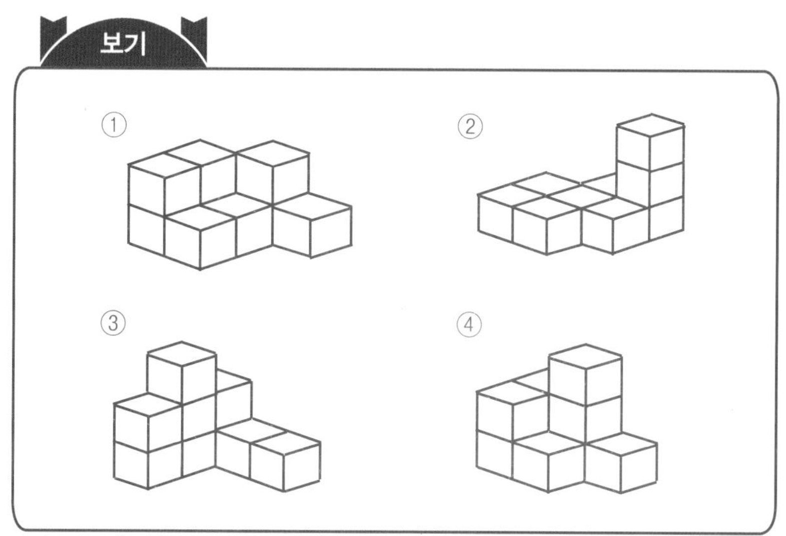

17. 다음 <보기> 의 그림과 같이 성냥개비 30 개가 배열되어 있다. <보기> 의 그림에서는 크기가 다른 정삼각형을 많이 찾을 수 있다.

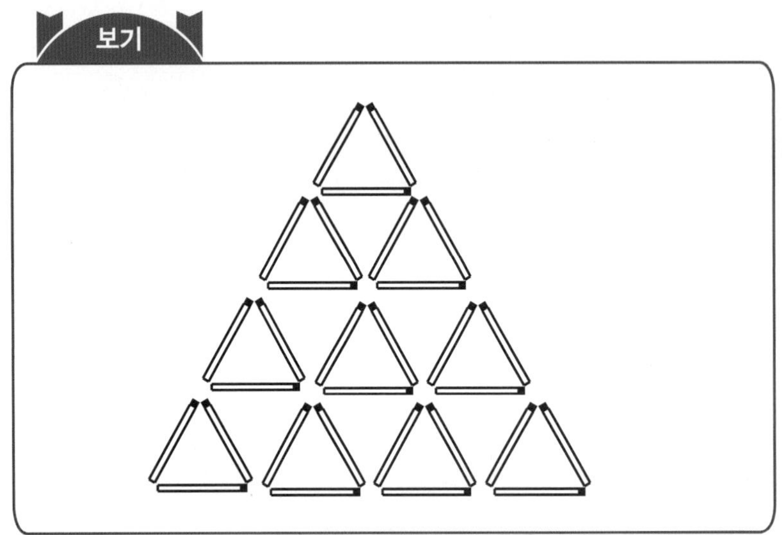

이 성냥개비 중 6 개만 빼내서 성냥개비가 모두 채워진 5 개의 정삼각형이 남아 있도록 만들어 보시오. (단, 남은 5 개의 정삼각형의 크기는 다를 수 있다.) [5 점]

예시 답안 / 평가표 ············> P. 32

신유형 문제

18. 아래 <보기> 에는 16 개의 점의 일부를 선분으로 이은 <그림 1> 과 <그림 1> 을 시계방향으로 90 ° 회전한 <그림 2>, 그리고 이 두 그림을 겹쳐 놓은 그림이 있다. 이와 같은 방식으로 두 그림을 겹쳐놓은 그림이 문제와 같을 때, <처음의 그림> 을 그려 보시오. [5 점]

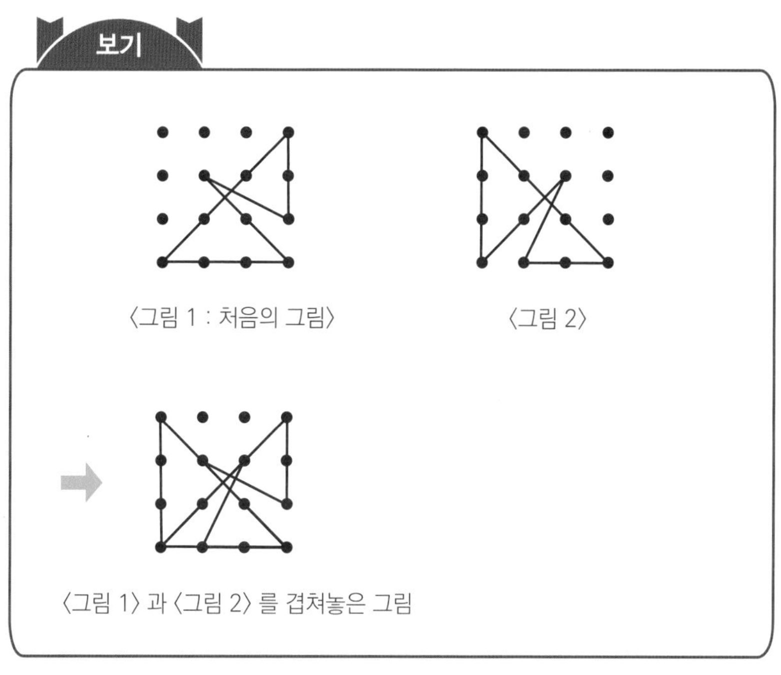

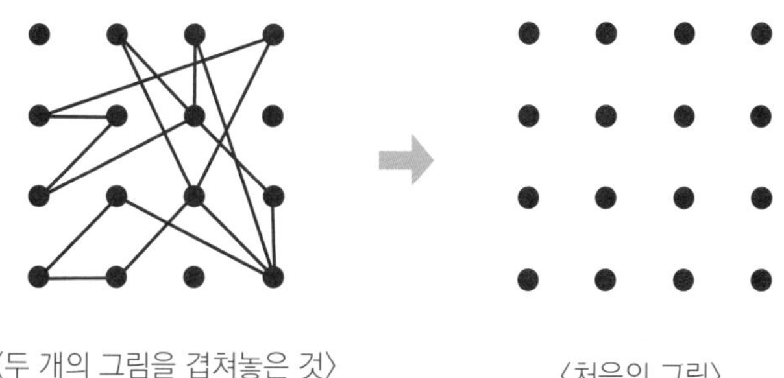

19. 선분 5 개와 직사각형 하나를 이용하여 아래와 같이 그림을 그렸다. 아래 그림에서 찾을 수 있는 삼각형의 총 개수는 몇 개인지 말해 보시오. [5 점]

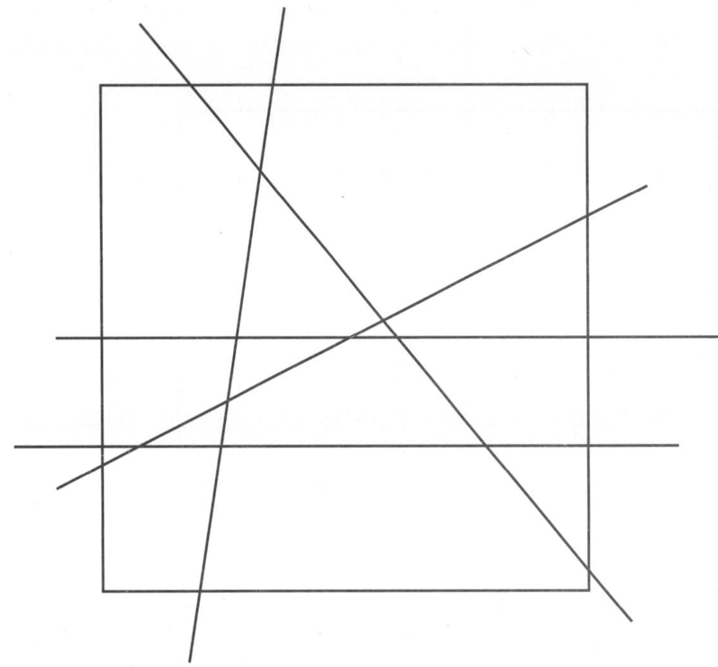

예시 답안 / 평가표 ············> P. 34

교육청 영재교육원 기출

20. 그림과 같이 하나의 선을 중심으로 접었을 경우 완벽하게 포개어지는 것을 선대칭이라고 하고 그때의 선을 대칭축이라고 한다. 이러한 대칭축은 주어진 도형의 모양에 따라 없을 수도 있고 여러 개가 나타날 수도 있다.

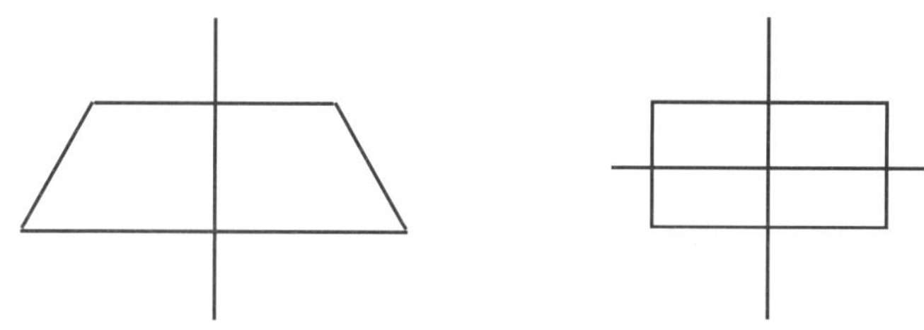

아래 알파벳 대문자를 다음 기준에 맞도록 분류하시오. [4 점]

(단, 알파벳 모양은 글씨체에 따라 달라질 수 있으므로 아래의 모양으로 한정하며, 선의 굵기는 1 mm 이다.)

A C D F O G H I J Y L N

U P E R S T V W X M Z

대칭축의 개수	해당하는 알파벳
0 개	
1 개	
2 개 이상	

A+B
CREATIVE
THINKING!
GO
the BEST
꾸러미 120제

Part 2

창의적 문제해결력 수학

④ 창의적 문제해결력

2 창의적 문제해결력 1 회

1. 무한이의 컴퓨터 비밀번호는 '각 자리의 숫자가 서로 다르고 그 합이 23 인 가장 큰 다섯 자리 수' 이다. 무한이의 컴퓨터 비밀번호를 아래의 칸에 적어 보시오. [5 점]

무한이의 컴퓨터

암호 →

〈다섯 자리 비밀 번호〉

정답 및 해설 / 예시 답안
············> P. 37

2. 다음 도형에서 찾을 수 있는 삼각형의 개수는 몇 개인가? [4 점]

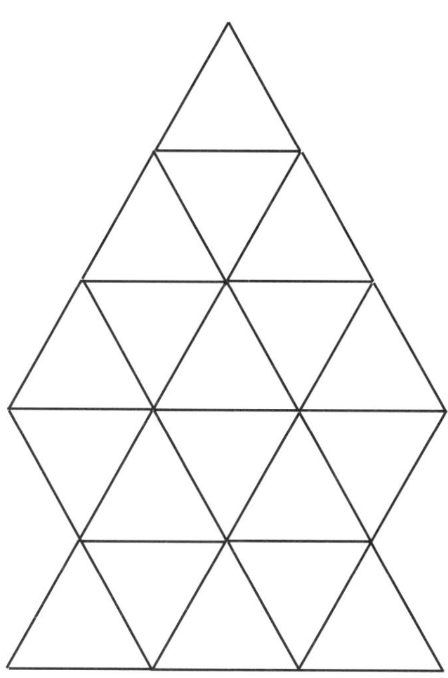

2 창의적 문제해결력 1 회

3. 아래의 <보기> 에는 2 부터 10 까지의 숫자를 일정한 규칙에 따라 연결한 것이다. 이와 같은 규칙으로 13, 73, 117, 156 을 연결해 보시오. [5 점]

보기

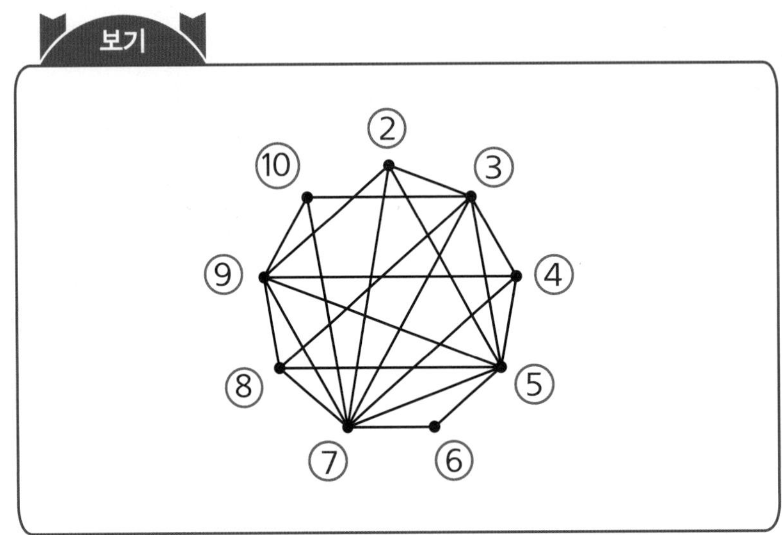

13 73

117 156

정답 및 해설 / 예시 답안 ············> P. 39

4. 아래와 같은 그림에서 삼각형의 모서리와 꼭짓점에 1 에서 6 까지의 숫자를 원에 하나씩 채워 넣을 수 있다. 각 변의 수의 합이 모두 일정하게 하여 숫자를 채워 넣을 때, 아래의 네 개의 그림에서 각 조건에 맞게 숫자를 채워 보시오. [6 점]

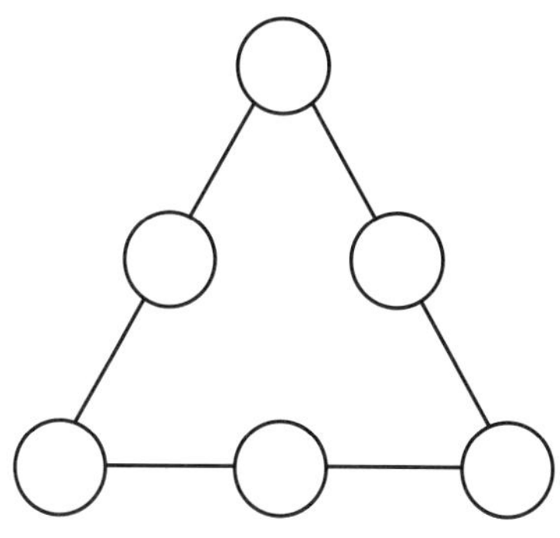

〈㉠ : 각 변의 수의 합이 9 인 경우〉

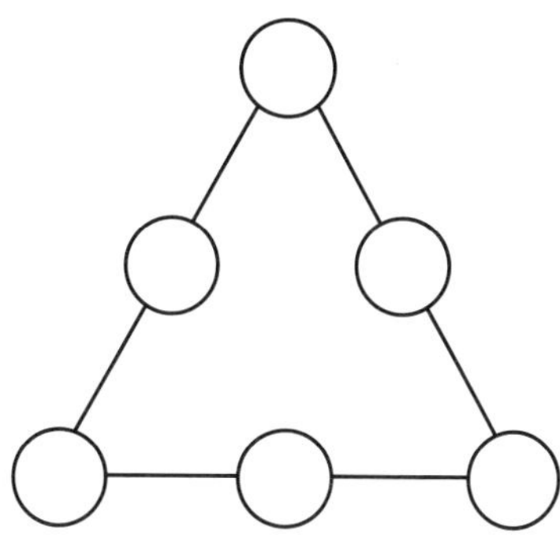

〈㉡ : 각 변의 수의 합이 10 인 경우〉

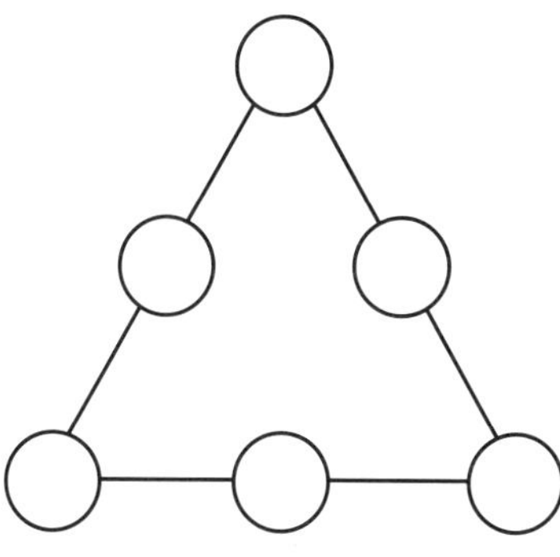

〈㉢ : 각 변의 수의 합이 11 인 경우〉

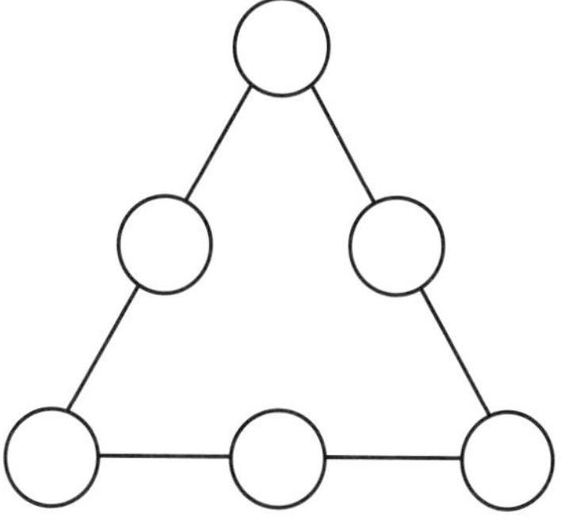

〈㉣ : 각 변의 수의 합이 12 인 경우〉

2 창의적 문제해결력 1 회

교육청 영재교육원 기출 유형

5. <보기>의 도형의 A, B, C, D 네 구역을 <예시> 처럼 초록색, 하늘색, 분홍색, 노란색의 4 가지 색을 이용하여 색칠하려고 한다. 인접한 구역은 서로 다른 색깔의 색으로 칠한다고 할 때, 칠할 수 있는 경우의 수는 총 얼마인가? (단, 같은 색을 여러 번 사용할 수 있다.) [5 점]

각각의 색에 대하여 A 구역에 색이 정해졌을 때 일어날 수 있는 경우의 수를 알아보자.

보기

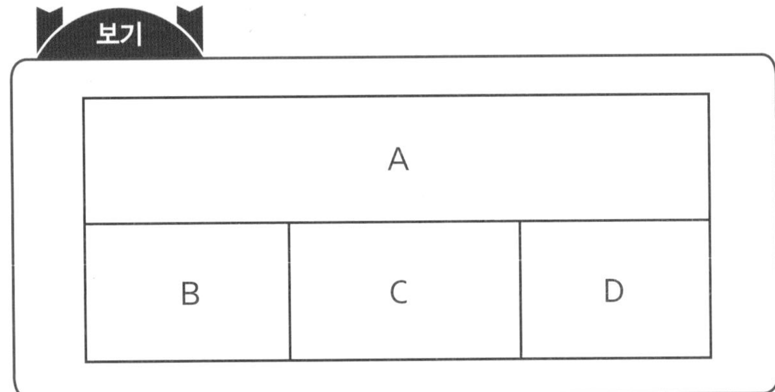

〈예시〉

A
B C D

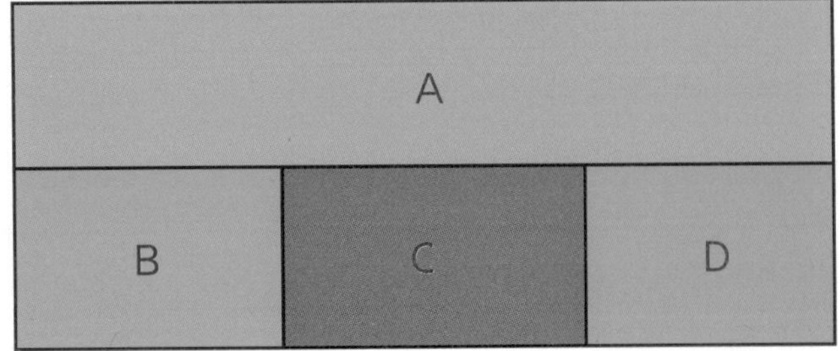

정답 및 해설 / 예시 답안 ············> P. 40

교육청 영재교육원 기출 유형

6. 다음 <보기> 와 같이 원에 직선을 그어 영역을 나누려고 한다. 다음 물음에 답해 보시오. [6 점]

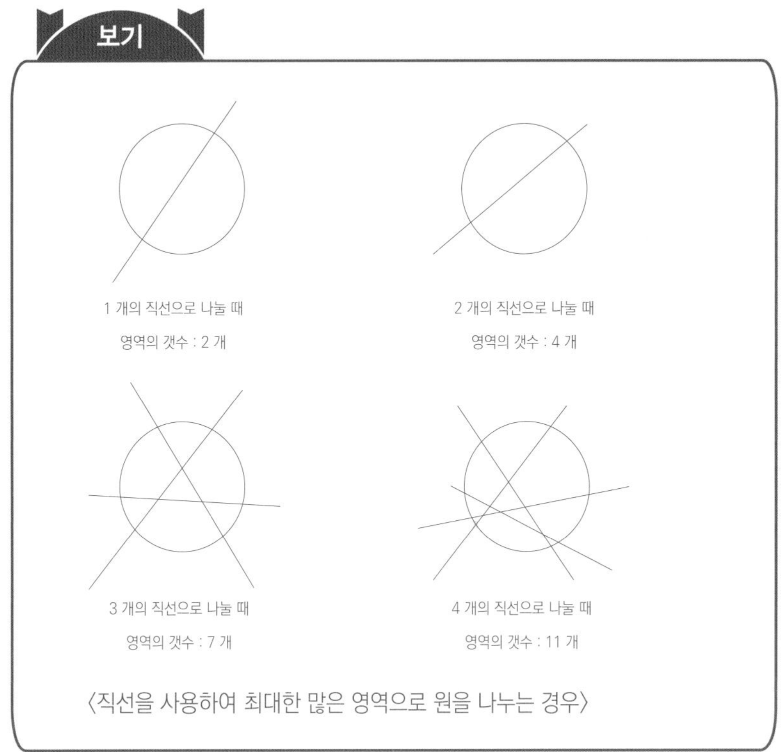

(1) 5 개의 직선을 사용하여 원이 최대한 많은 영역으로 나누어지도록 그려 보시오.

(2) 7 개의 직선을 사용하여 최대한 많은 영역으로 원을 나눌 때 나타나는 영역의 개수는 얼마인지 구해보시오.

2 창의적 문제해결력 1 회

7. 다음 그림과 같이 다섯 계단이 있다. 선영이는 계단을 오를 때 한 칸 또는 두 칸으로 오를 수 있다. 다섯 계단을 오르려고 할 때, 다섯 계단을 올라갈 수 있는 방법은 모두 몇 가지인가? [4 점]

두 칸씩 올라가는 횟수별로 나타날 수 있는 경우의 수를 구해 보자.

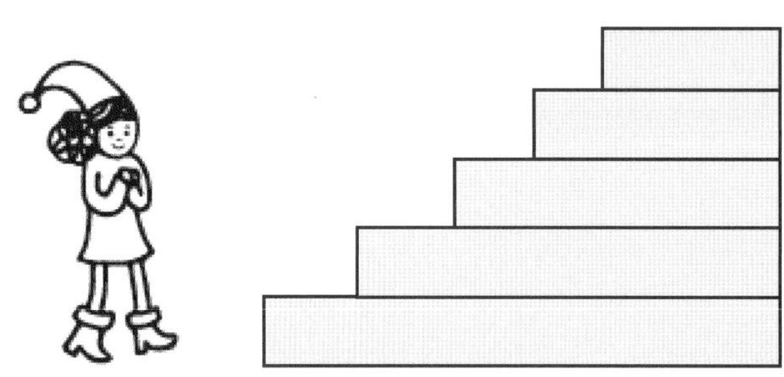

정답 및 해설 / 예시 답안 ··········> P. 41

8. 무한이와 상상이는 각각 농구장과 학교 정문에서 출발하여 운동장을 시계방향으로 돌고 있다. 운동장은 가로의 길이가 200 m, 세로의 길이가 100 m 인 직사각형이다. 무한이는 1 초에 4 m 를 가고 상상이는 1 초에 6 m 를 간다고 한다. [5 점]

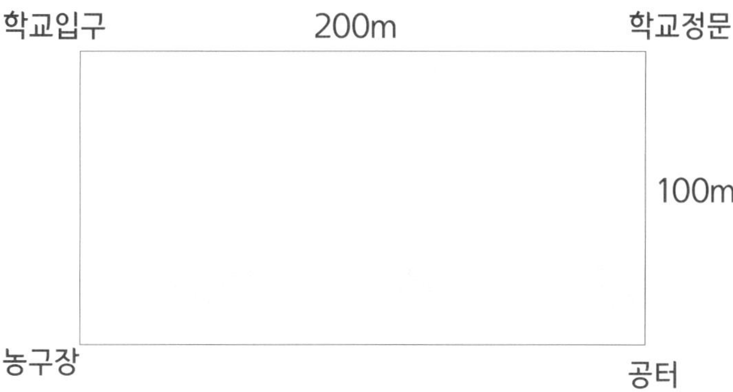

(1) 무한이와 상상이가 각자의 위치에서 동시에 출발했을 때, 첫 번째로 만나게 되는 곳은 어디인가?

(2) (1) 에서 첫 번째 만남 이후 무한이와 상상이가 다시 만나기까지 상상이는 운동장을 몇 바퀴 더 돌아야 하는가?

창의적 문제해결력 1 회

9. 다음은 하노이탑 게임의 규칙과 원판이 3 개일 때의 게임 진행 예시를 보여주고 있다. 규칙을 읽고 원판이 4 개, 5 개일 때 기둥 1 에서 기둥 3 으로 원판을 옮기기 위한 최소 횟수를 각각 구해 보시오. [5 점]

원판의 개수와 원판을 옮기기 위한 최소 횟수와의 관계를 생각해 보자.

<규칙>

기둥 1 에는 아래부터 크기순으로 원판이 꽂혀 있다. 이 원판들을 아래의 규칙 ⓐ, ⓑ 에 따라 원래 꽂혀 있는 순으로 다른 기둥으로 전부 옮긴다.

ⓐ 원판은 1 개씩 옮길 수 있으며 세 개의 기둥 중 하나에 꽂은 뒤, 다른 원판을 움직일 수 있다.

ⓑ 큰 원판은 작은 원판 위에 올릴 수 없다.

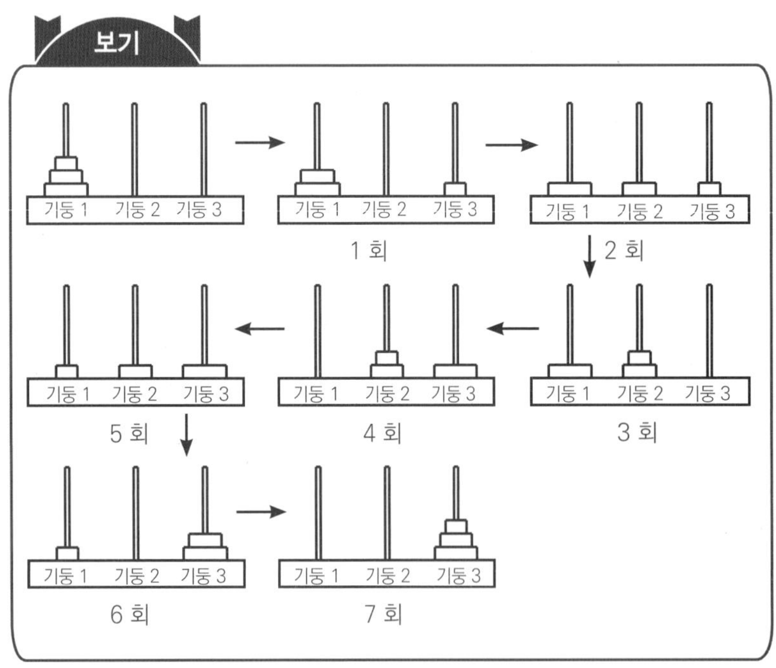

정답 및 해설 / 예시 답안 ··········> P. 42

교육청 영재교육원 기출 유형

10. 눈의 배열이 동일한 5 개의 주사위를 아래 그림과 같이 쌓았다. 주사위끼리 맞닿은 두 면의 눈의 합이 모두 8 일 때, 정면 방향에서의 주사위 눈의 총합과 바닥에 닿아 있는 주사위 눈의 총합을 각각 구하시오. (단, 주사위의 마주하는 면의 주사위 눈의 합은 모두 7 이다.) [7 점]

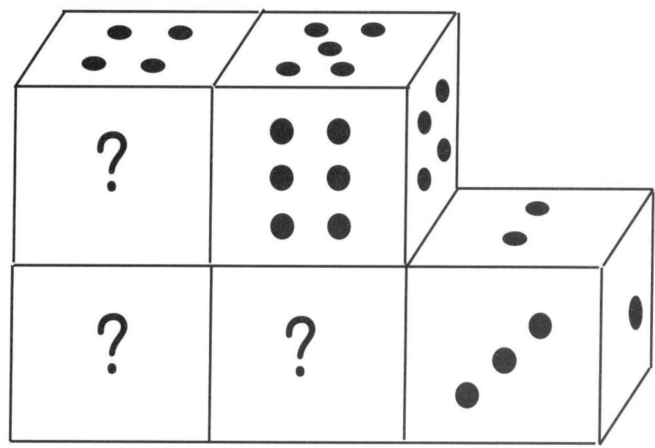

2 창의적 문제해결력 2 회

11. 다음은 일정한 규칙에 따라 바둑돌을 나열한 것이다. 이 규칙에 따라 계속해서 바둑돌을 배열해 나갈 때, 다음 그림의 규칙을 설명해 보시오. 또한 나열한 바둑돌의 가로의 개수와 세로의 개수가 처음으로 같아질 때, 검은 돌의 개수를 구하시오. [5 점]

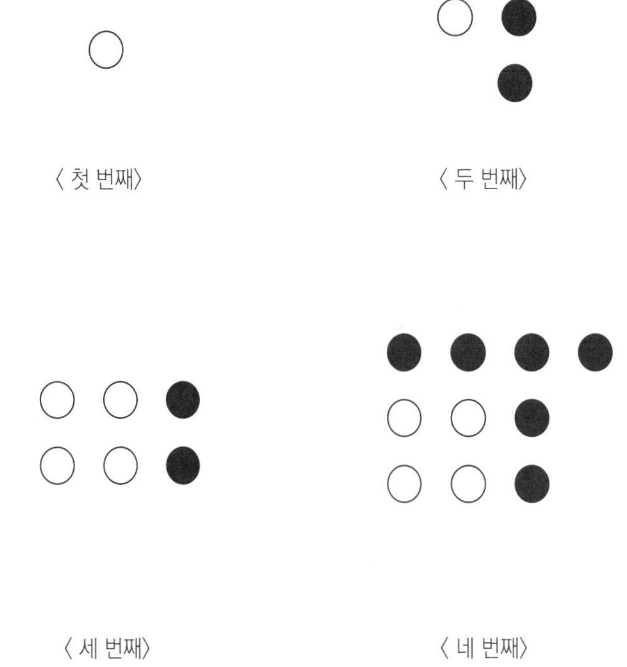

신유형 문제

12. 우리나라의 신발 수치와 유럽에서의 신발 수치는 서로 다르다. 세주네 삼촌은 유럽 온라인 쇼핑 사이트에서 신발을 구매하려 한다. 표를 이용하여 신발 크기를 계산하던 중 실수로 책상의 물감을 엎어 <자료> 와 같이 일부를 알아볼 수 없게 되었다. 세주네 삼촌의 신발 크기는 270 mm 이라면, 세주 삼촌의 유럽 신발 크기는 얼마인지 숫자로 나타내시오. [4 점]

〈자료〉

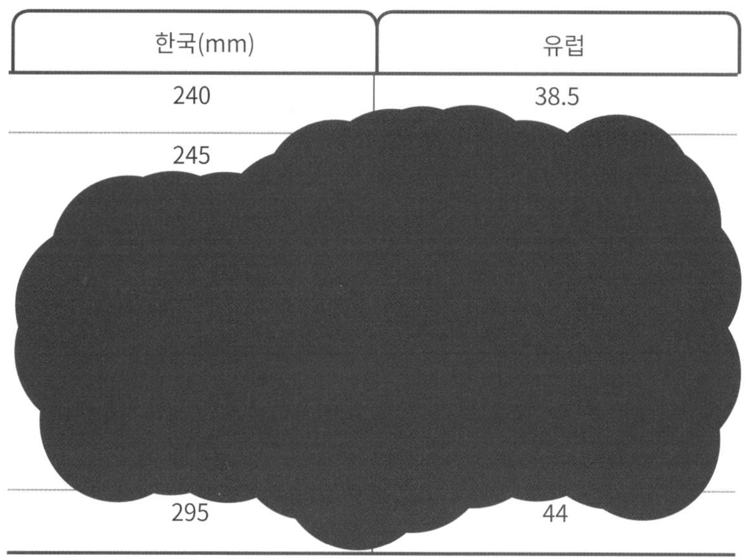

한국(mm)	유럽
240	38.5
245	
295	44

2 창의적 문제해결력 2 회

13. 무한이는 부모님과 함께 모스크바를 경유하여 헬싱키로 여행하려고 한다. 아래의 <자료> 는 무한이의 왕복 티켓의 내용이다. 모스크바는 인천보다 6 시간 느리고, 모스크바와 헬싱키 사이에는 시차가 없다. 무한이가 여행하는 동안 비행기를 타는 시간은 총 얼마인지 구해 보시오. (단, 티켓의 출발, 도착 시각은 현지 시각을 기준으로 표기한다.) [7 점]

예를 들어, 인천의 시각이 오전 12 시일 때, 모스크바의 시각은 오전 6 시이다.

<자료>

여정 상세 내용

가는 편		
출발	경유	도착
인천 2022 . 06 . 19 13 : 35	모스크바 2022 . 06 . 19 16 : 50	
	모스크바 2022 . 06 . 19 18 : 20	헬싱키 2022 . 06 . 19 20 : 10
오는 편		
출발	경유	도착
헬싱키 2022 . 06 . 25 13 : 25	모스크바 2022 . 06 . 25 15 : 10	
	모스크바 2022 . 06 . 25 18 : 55	인천 2022 . 06 . 26 09 : 45

14. 무한이와 상상이와 알탐이는 방학을 맞이하여 각각 새로운 책 한 권씩을 읽기로 하였다. 방학이 시작하고 2 주가 지났을 때, 알탐이가 읽은 쪽수는 무한이가 읽은 쪽수의 3 배보다 많고, 상상이가 읽은 쪽수의 2 배보다는 적었다. 또한, 상상이가 읽은 쪽수는 무한이가 읽은 쪽수의 2 배보다 적었다. 방학이 시작하고 2 주가 지났을 때, 책을 많이 읽은 순으로 무한이, 상상이, 알탐이를 나열해 보시오. [5 점]

2 창의적 문제해결력 2 회

15. 무한이네 반 16 명과 상상이네 반 24 명이 같은 수학 시험을 보았다. 두 반의 전체 평균 점수는 80 점이었다. 무한이네 반의 평균 점수는 상상이네 반의 평균 점수보다 5 점 높을 때, 상상이네 반의 평균 점수를 구해 보시오. [5 점]

정답 및 해설 / 예시 답안 ·············> P. 48

16. 한 변의 길이가 10 cm 인 동일한 두 정사각형이있다. 한 정사각형의 한 꼭짓점이 다른 정사각형의 중심에 있을 때, 겹쳐진 부분의 넓이를 구하시오. [5 점]

사각형의 위치를 변화 시켜도 두 정사각형의 겹쳐진 부분의 넓이는 같다.

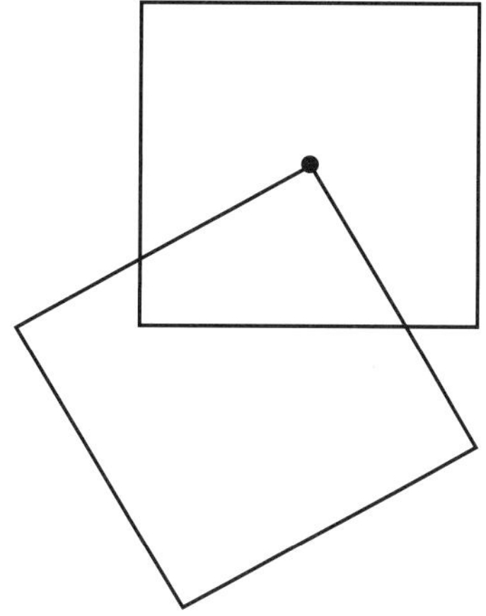

창의적 문제해결력 2 회

17. 기온은 지면에서 100 m 씩 올라갈 때마다 0.55 ℃ 씩 낮아진다고 한다. 기온이 0 ℃ 에서 소리의 속도는 초속 331 m/s 라고 하면, 온도가 1 ℃ 오를 때마다 소리의 속도는 0.6 m/s 씩 증가한다. 지면으로부터 높이가 2000 m 인 상공에서의 소리의 속도가 초속 343.6 m/s 일 때, 지면의 기온은 몇 도(℃)인지 구해 보시오. [6 점]

초속 1 m/s 란 1 초 동안의 1 m 의 거리를 움직이는 물체의 속력을 의미해.

정답 및 해설 / 예시 답안 > P. 49

18. 다음 삼각형의 양쪽 끝의 꼭짓점 A, B, C 에는 각각 어떤 자연수들이 있다. 각 변 위에는 그 변의 꼭짓점에 있는 수들의 합이 적혀 있다. 각 꼭짓점 A, B, C 에 있는 수를 구하시오. [5 점]

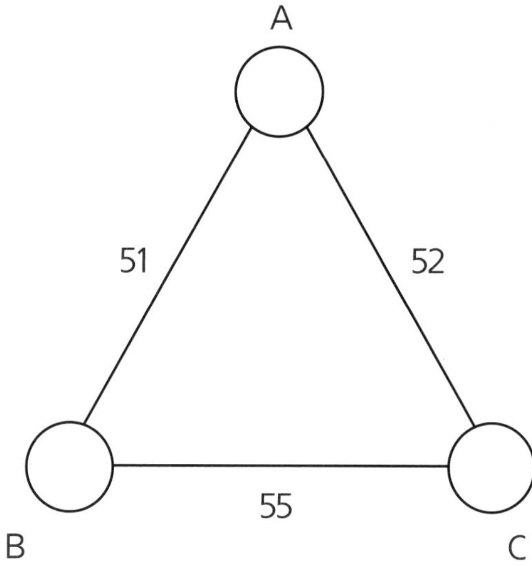

2 창의적 문제해결력 2 회

19. 무한이네 부부는 주말에 두 쌍의 부부를 집으로 초대하였다. 무한이는 다른 다섯 사람에게 각각 악수한 횟수를 물어 보니 그 답이 모두 달랐고 누구도 자신의 짝하고는 악수를 하지 않았다고 한다. 무한이와 무한이 부인은 각각 몇 번 악수하였는지 구해 보시오. [6 점]

정답 및 해설 / 예시 답안 ··········> P. 50

20. 다섯 주택 A, B, C, D, E 에 전기 공급을 위하여 전선을 연결하려고 한다. 각 주택 사이의 거리에 따른 전선 설치 비용이 아래 표와 같을 때, 각 주택에 전기가 공급되도록 최소의 비용으로 각 주택에 전기가 공급되도록 하려면 어떻게 연결하여야 하는지 설명해 보시오. [4 점]

(단위 : 10 만원)

	A	B	C	D	E
A		2	4	3	2
B	2		3	1	3
C	4	3		2	3
D	3	1	2		5
E	2	3	3	5	

2 창의적 문제해결력 3 회

21. <보기> 의 삼각형 안과 밖의 수는 각각 같은 규칙으로 이루어져 있다. 다음을 보고 물음에 답하시오. [6 점]

소수란 1 과 자기 자신만으로 나누어 떨어지는 1보다 큰 양의 정수를 말해.

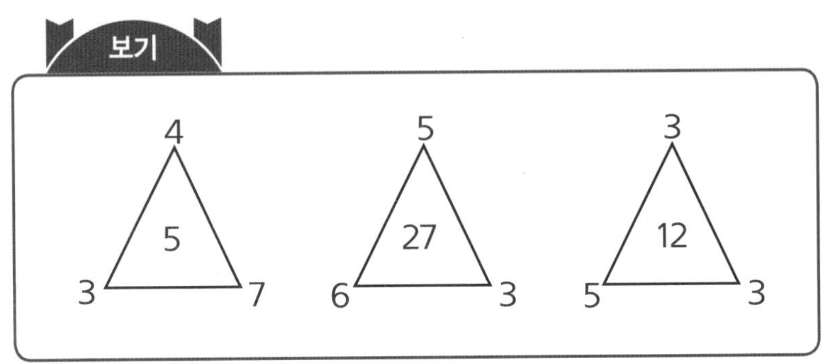

(1) 위의 삼각형에서 삼각형의 안과 밖에 있는 수는 어떤 규칙을 가지고 있는지 설명해 보시오.

(2) 하나의 주사위를 두 번 던져 나온 수를 아래의 삼각형에 적어 보려고 한다. <보기> 와 같은 규칙으로 수를 적는다고 할 때, 삼각형 안의 수가 소수가 되는 경우의 수는 모두 몇 가지인지 구해 보시오.

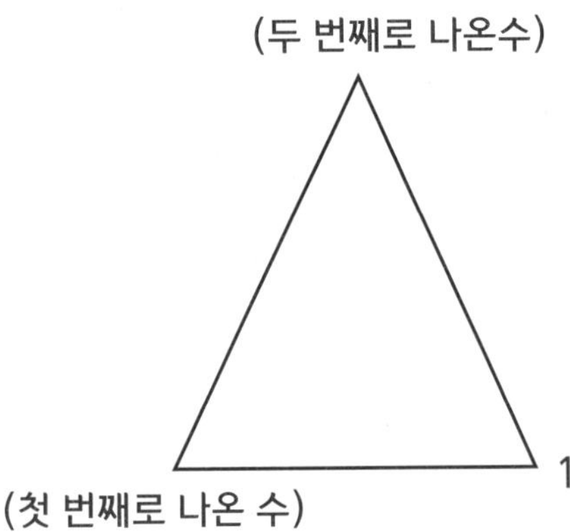

22. 무한이는 방학을 맞이해 책을 읽고 있었다. 무한이는 책을 넘기다가 실수로 책의 연속되는 7 장을 찢었다. 페이지가 찢어진 책을 찢어진 부분이 보이도록 펼쳤을 때, 양 끝에 보이는 두 페이지 숫자의 곱이 1000 이었다. 양 끝에 보이는 두 수를 A, B 라고 할 때, A, B 는 얼마일지 각각 구해 보시오. (단, 책은 전체 200 페이지이다.) [5 점]

2 창의적 문제해결력 3 회

23. 다음 <그림 1> 와 같이 밑변과 높이가 10 cm 인 직각이등변삼각형의 내부에 그 삼각형의 모든 변과 만나는 원을 그렸다. 이때, 원의 넓이를 A 라고 하자. <그림 1> 의 도형 6 개를 이어붙여 <그림 2> 와 같은 도형을 만들었을 때, <그림 2> 의 도형에서 어둡게 칠해진 부분의 넓이를 A 를 포함한 식으로 나타내 보시오. [5 점]

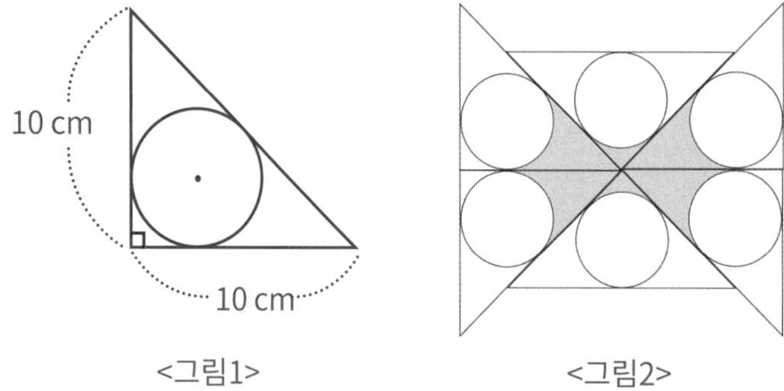

<그림1> <그림2>

24. 길이가 각각 12 cm, 15 cm, 20 cm 인 눈금이 없는 자가 각각 5 개씩 준비되어 있다. 아래의 그림은 자를 5 번 사용하여 14 cm 을 만드는 과정이다. 아래와 같이 자를 이어 붙일 때, 자를 5 번만 사용하여 1 cm 의 길이를 만드는 방법을 2 가지 설명해 보시오. (단, 같은 길이의 자를 여러 번 사용할 수 있고, 사용한 자의 종류와 개수가 각각 같은 것은 모두 같은 방법으로 본다.) [6 점]

3 개의 자를 이어붙인 길이와 2 개의 자를 이어붙인 길이의 차이를 이용해 보자.

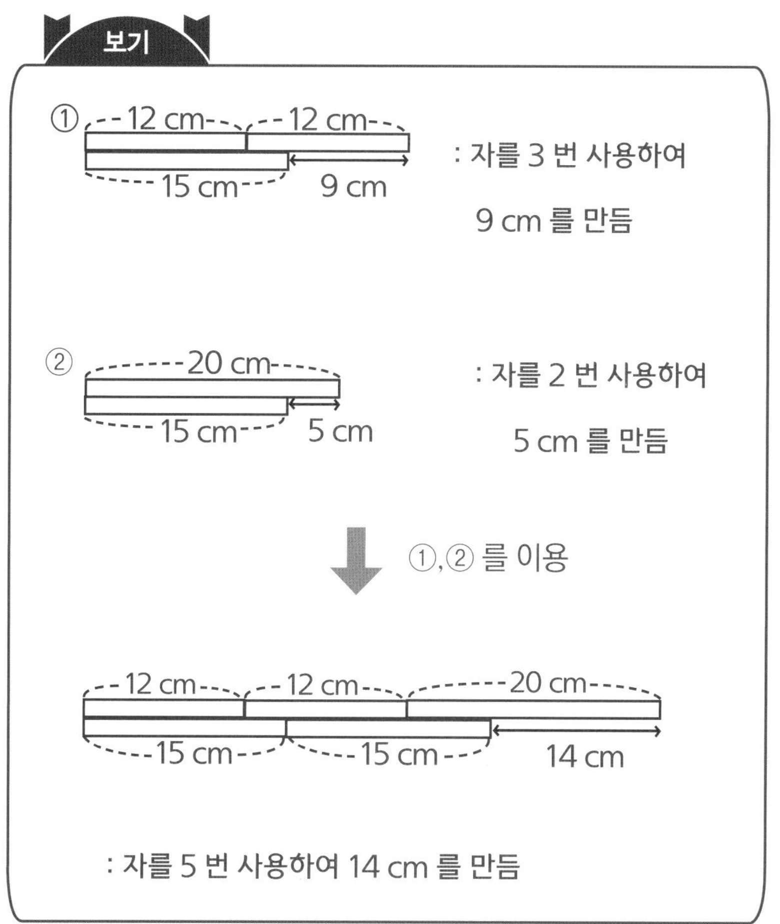

2 창의적 문제해결력 3 회

25. 무한이와 상상이와 알탐이는 퀴즈 대회에 참여하였다. 퀴즈 대회를 진행하는 중 전광판 오류로 한 명의 점수가 잘못 나타났다. 아래의 대화를 읽고 점수가 잘못 나타난 사람이 누구인지 찾아보시오. (단, 퀴즈의 문제는 7 점, 11 점 배점의 문제로 구성되어 있다.) [5 점]

무한 : 나는 94 점이야!

상상 : 나는 73 점인데 좀 더 분발 해야겠다.

알탐 : 나는 52 점이지만, 전화 찬스가 있으니 역전할 수 있어!

교육청 영재교육원 기출 유형

26. A, B, C, D, E 의 다섯 카드가 책상 위에 놓여있다. 카드의 한 면에는 진실이 적혀있고, 다른 면에는 거짓이 적혀있다. 책상 위에서 다섯 카드를 내려다 보았을 때 적혀있는 내용은 아래와 같고, 이 카드 중 오직 두 개의 카드 내용만이 진실이라고 할 때, 그 두 개의 카드를 A, B, C, D, E 에서 골라 보시오. [5 점]

· A : C 또는 D 는 거짓이다.
· B : E 의 내용은 진실이다.
· C : B 또는 E 의 내용은 진실이다.
· D : C 의 내용은 거짓이다.
· E : A 의 내용은 거짓이다.

정답 및 해설 / 예시 답안 ··········> P. 55

27. 다음과 같이 윗변, 밑변의 길이가 각각 6 m, 12 m 이고, 높이가 6 m 인 사다리꼴 모양의 정원이 있다. 그림과 같이 정원의 내부에서 모서리를 따라 폭이 2 m 인 길을 만들려고 할 때, 길을 만들고 남은 정원의 면적은 얼마인지 구해 보시오. (단, 한 변의 길이가 2 m 인 정사각형의 대각선의 길이는 2.8 m 로 계산한다.) [7 점]

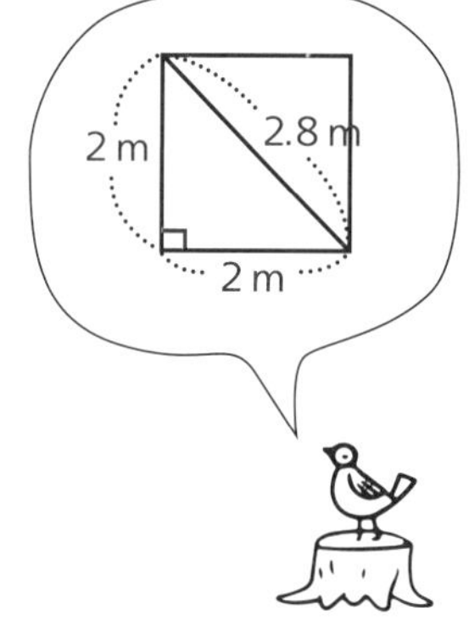

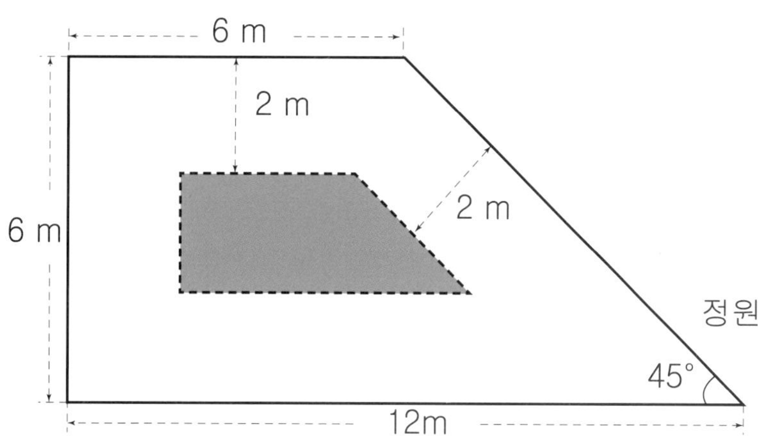

2 창의적 문제해결력 3 회

28. 무한이는 쌓기 나무를 쌓아 올렸다. 쌓아 올린 나무를 정면, 옆면 그리고 위의 방향에서 봤을 때의 모습이 아래와 같을 때, 무한이가 만든 입체도형의 겉넓이를 구해 보시오. (단, 쌓기 나무 블럭의 한 변의 길이는 1 cm 이고, 밑면의 넓이는 겉넓이에 포함되지 않는다.) [5 점]

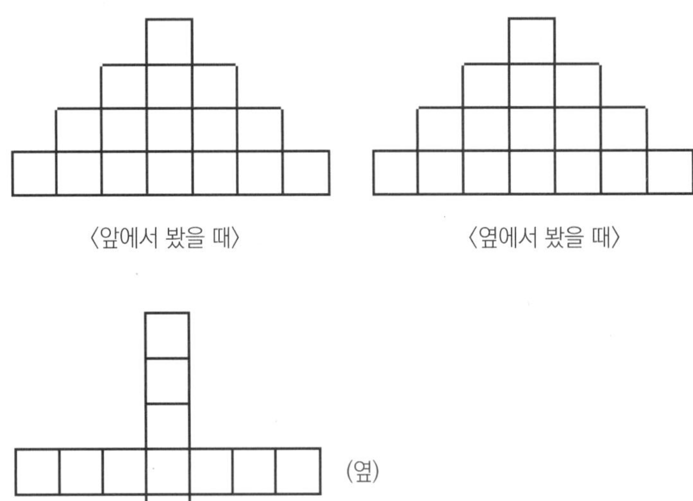

〈앞에서 봤을 때〉 〈옆에서 봤을 때〉

(옆)

(앞)

〈위에서 봤을 때〉

29. 아래의 자연수들은 특정한 규칙에 따라 50 부터 점점 감소한다. 아래의 규칙대로 수가 감소할 때, 숫자 1 이 나타날 수 있는지 설명해 보시오. 만약 숫자 1 이 나타난다면, 숫자 1 은 숫자 50 으로부터 몇 번째 뒤의 숫자인지 구해 보시오. [4 점]

50 49 48 46 44 41 38 .....

30. 그리스의 수학자 디오판토스는 처음으로 문자를 이용해 식을 나타낸 사람으로 대수학의 아버지라 부른다. 디오판토스에 대해 알려진 것은 그의 죽을 때의 나이뿐인데 이는 그의 묘비에 적혀있다. 아래의 디오판토스 묘비에 쓰인 분수식을 보고 그의 죽을 때의 나이를 구해 보시오. [4 점]

디오판토스(246 ? ~ 330 ?)
3세기 후반 알렉산드리아에서 활약했던 그리스의 수학자. 대수학의 아버지라고 불리며, 주저 《산수론(算數論)》이 있다.

"그는 인생의 $\frac{1}{6}$ 을 소년으로 보냈고, 인생의 $\frac{1}{12}$ 을 청년으로 보냈다. 다시 $\frac{1}{7}$ 이 지난 뒤 그는 결혼했고, 결혼한 지 5 년 만에 아들을 얻었다. 그러나 그의 아들은 아버지의 반밖에 살지 못했다. 그 뒤 4년간 아들을 먼저 보내고 긴 슬픔에 빠진 그는 수학에 몰입하여 스스로를 달래다가 일생을 마쳤다"

- 디오판토스의 묘비 내용 중 -

2 창의적 문제해결력 4 회

31. 아래와 같이 날짜가 지워져 있는 어느 10 월의 달력에 무한이, 상상이, 알탐이의 생일이 각각 표시되어 있다. 아래와 같이 무한이와 상상이의 생일을 한 줄로 이었을 때 만나는 네 개의 숫자를 모두 더했더니 그 값이 상상이와 알탐이의 생일의 일수를 합한 값과 같았다. 알탐이의 생일은 언제인지 구해 보시오. (단, 무한이와 상상이, 알탐이의 생일은 각각 10 월의 첫째 주, 넷째 주, 다섯째 주이다.) [4 점]

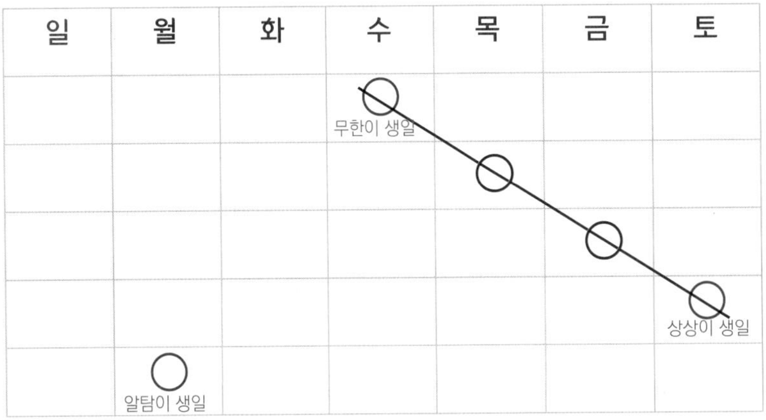

일	월	화	수	목	금	토
			○ 무한이 생일			
				○		
					○	
						○ 상상이 생일
	○ 알탐이 생일					

10 월 달력

교육청 영재교육원 기출

32. 200641202 의 9 자리 숫자가 있다. 이 9 자리 숫자에서 4 만 빼면 20061202 가 된다. 이렇게 임의의 곳에 있는 숫자를 빼서 20061202 가 될 수 있는 9 자리 숫자는 몇 개인지 구해 보시오. [5 점]

교육청 영재교육원 기출 유형

33. 연산 규칙 ⊙, ▽ 에 따라 다음처럼 계산하였다. 물음에 답하시오.

[5 점]

<ㄱ ⊙ ㄴ>	<ㄷ ▽ ㄹ>
6 ⊙ 3 = 93 7 ⊙ 5 = 122 4 ⊙ 1 = 53 8 ⊙ 7 = ①	3 ▽ 5 = 28 7 ▽ 8 = 71 2 ▽ 6 = 38 1 ▽ 7 = ②

(1) ① 에 들어갈 알맞은 숫자를 쓰고, 구한 방법을 설명해 보시오.

(2) ② 에 들어갈 알맞은 숫자를 쓰고, 구한 방법을 설명해 보시오.

2 창의적 문제해결력 4 회

34. 아래 그림과 같이 무한이네 공장에서는 반지름의 길이가 10 cm 이고, 높이가 50 cm 인 원기둥 2 개를 이용하여 원기둥을 감싸고 돌아가는 컨베이어 벨트를 설치하려고 한다. 원기둥 윗면의 중점을 각각 A, B 라고 할 때, A, B 사이의 거리가 5 m 가 되도록 원기둥을 양끝에 두고, 원기둥에 맞게 너비가 50 cm 인 컨베이어벨트를 만드려고 한다. 필요한 컨베이어 벨트의 면적은 얼마인지 구해 보시오. (단, 원주율은 3.14 로 계산한다.) [5 점]

(원의 둘레의 길이)
= 2 × (원의 반지름의 길이) × (원주율)

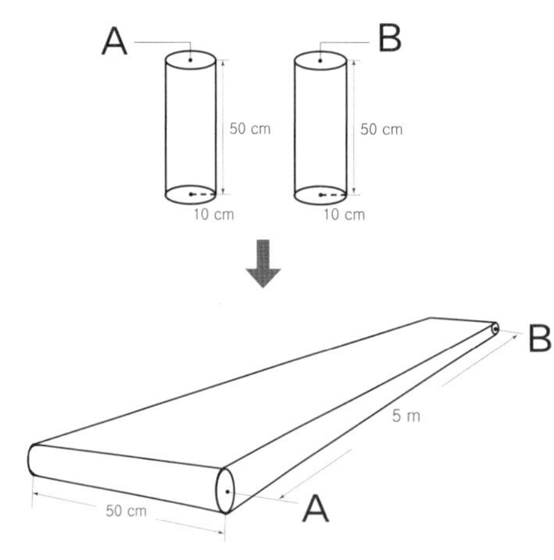

〈컨베이어 벨트의 모습〉

교육청 영재교육원 기출 유형

35. 아래의 <규칙> 에 따라 한 변의 길이가 5 cm 인 정사각형을 작은 정사각형 조각으로 나누려고 한다. 아래의 <그림> 은 <규칙> 에 따라 한 변의 길이가 5 cm 인 정사각형을 작은 정사각형 조각으로 나눈 것이다. 한 변의 길이가 5 cm 인 정사각형을 11 조각의 작은 정사각형으로 나누는 방법을 설명해 보시오. (단, 정사각형의 개수와 크기가 각각 같은 것은 하나의 방법으로 본다.) [5 점]

<규칙>

① 정사각형들의 크기가 모두 같을 필요는 없다.

② 정사각형의 한변의 길이는 1 cm 보다 크거나 같아야 한다.

〈그림〉

1	2
3	4

〈4 조각〉

1	2	3
6	6	4
6	6	5

〈6 조각〉

1	2	3	4
5	8	8	8
6	8	8	8
7	8	8	8

〈8 조각〉

1	2	3
4	5	6
7	8	9

〈9 조각〉

창의적 문제해결력 4 회

교육청 영재교육원 기출

36. 아래의 그림에서 <도형 1> 부터 <도형 4> 는 일정한 규칙에 따라 순서대로 색칠되었다. 이 규칙을 2 가지 찾아 설명하고, 그 규칙대로 <도형 5> 에 색을 칠할 때, <도형 5> 에서 색칠된 칸의 숫자를 더한 값을 각각 구하시오. [6 점]

〈도형 1〉 에서 색칠된 1 이 〈도형 2〉 에서는 2 또는 6 으로 이동하여 색칠해졌어.

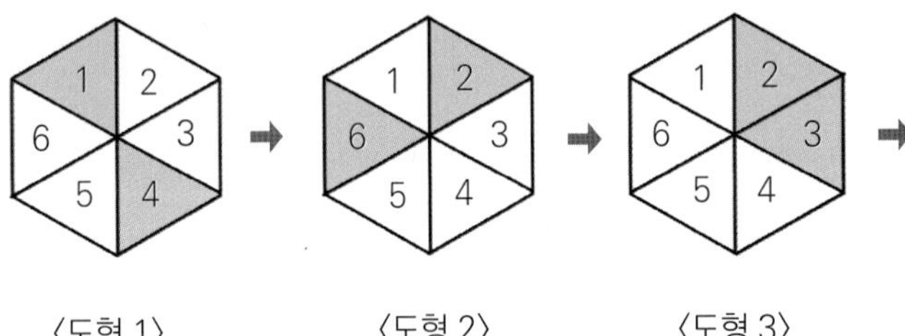

〈도형 1〉 〈도형 2〉 〈도형 3〉

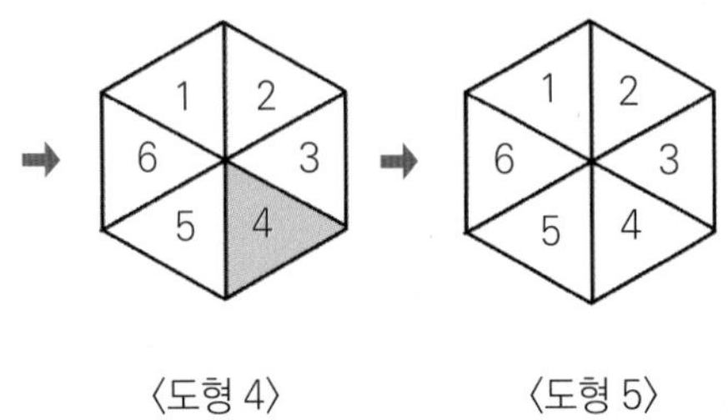

〈도형 4〉 〈도형 5〉

규칙 1 :

두 숫자를 더한 값 :

규칙 2 :

두 숫자를 더한 값 :

정답 및 해설 / 예시 답안
> P. 63

37. 무한이는 그림의 A 에서 출발하여 원의 둘레를 따라 각 점을 지나며 G 까지 가려고 한다. 한 번 움직일 때 A 에서 B 까지 이동한 거리만큼만 움직일 수 있고, 지나갔던 지점으로는 다시 되돌아갈 수 없다고 할 때, A 에서 출발하여 G 까지 갈 수 있는 경우의 수는 모두 몇 가지인지 구하시오. [4 점]

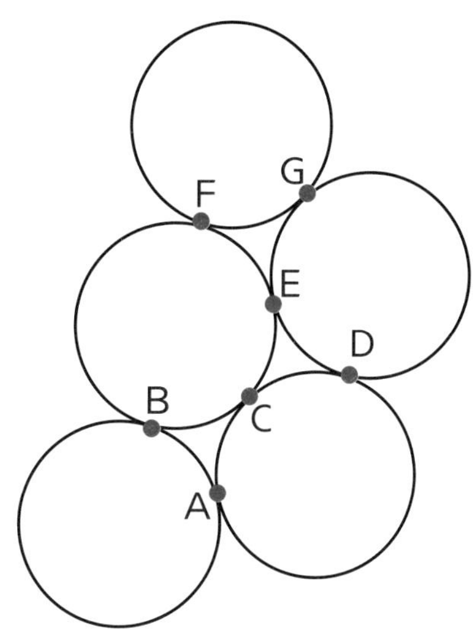

2 창의적 문제해결력 4 회

교육청 영재교육원 기출 유형

38. 아래의 그림에서 위로 연결된 수를 아래로 연결된 수의 조상이라고 하자. 예를 들어, 8 의 조상은 3, 1 이다. 아래와 같은 규칙으로 숫자들을 써내려갈 때, 135 의 조상들의 합을 구해 보시오. [5 점]

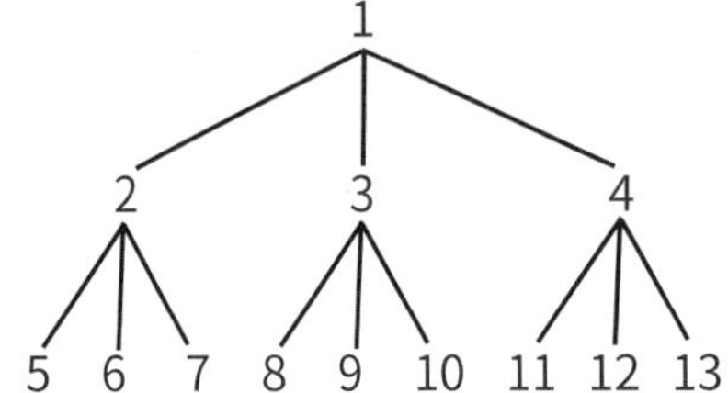

교육청 영재교육원 기출 유형

39. 아래의 <예> 와 같이 정사각형안에 1 부터 10 까지의 숫자를 채워 넣은 후 한 꼭지점에 모이는 세 수의 합들을 모두 더했더니 그 수가 152 가 되었다. 1 부터 10 까지 수의 배열을 달리하면 합친 수가 달라진다. 그 합한 수를 A 라고 할 때, A 의 최댓값과 최솟값을 각각 구해 보시오. [6 점]

〈예〉

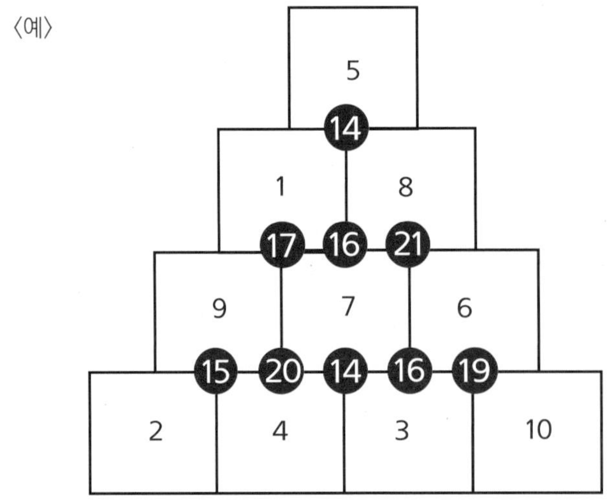

14 + 17 + 16 + 21 + 15 + 20 + 14 + 16 + 19 = 152

40. 무한이네 다락방에는 아래의 그림 (나) 와 같이 단면이 직각이등변삼각형인 공간이 있다. 집을 정리하면서 무한이는 이 공간에 밑면이 변의 길이가 20 cm, 30 cm 인 직사각형이고 높이가 20 cm 인 나무 박스를 채워 넣으려고 한다. (나) 의 공간에 모두 들어가게 박스를 채워 넣으려고 할 때, 최대 몇 개의 박스를 채워 넣을 수 있는지 구해 보시오. (단, 박스를 비스듬히 세울 수 없고, 상자를 쌓을 때 나무 상자가 공간 밖으로 튀어나와선 안된다.) [7 점]

여러 방법으로 공간안에 나무 상자를 1 층부터 차곡차곡 쌓아보자.

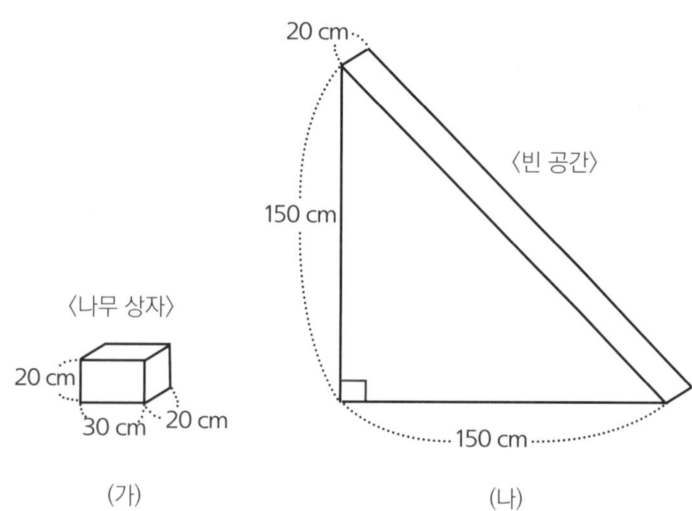

(가) (나)

2 창의적 문제해결력 5 회

41. <보기> 와 같이 색칠한 영역이 맞닿도록 정사면체를 굴리면 정사면체를 다른 지점으로 이동시킬 수 있다. 무한이는 정사면체를 넘겨서 아래 그림의 A 지점부터 출발하여 B 를 경유해 C 지점까지 이동시키려고 한다. 정사면체를 10 번만 넘겨서 C 지점에 도착하는 경우의 수는 모두 몇 가지인지 구해 보시오. (단, 삼각형의 변이 서로 만나는 경우에만 정사면체를 넘겨 이동할 수 있다.) [4 점]

보기

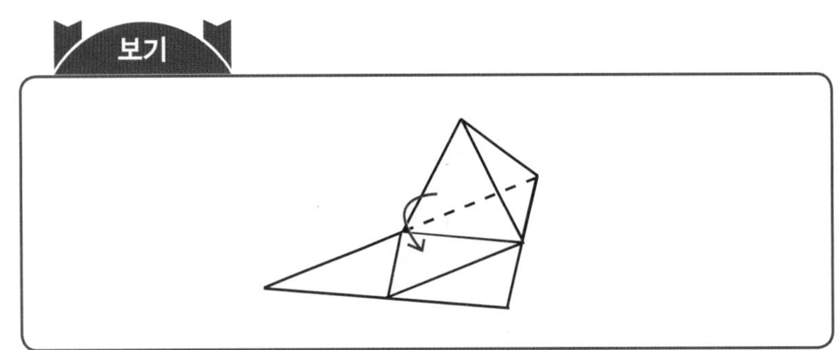

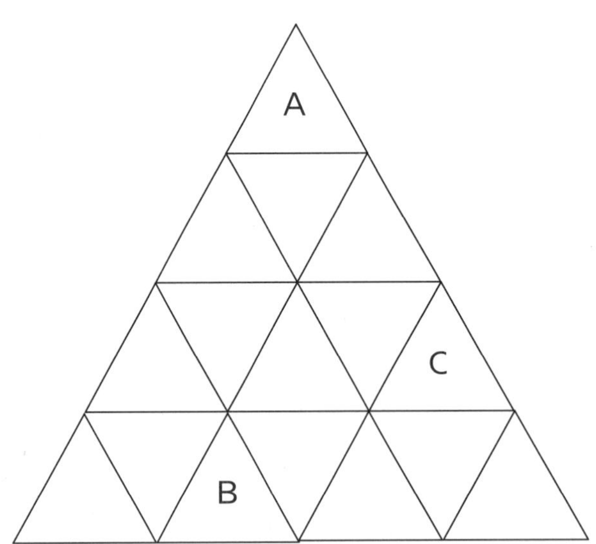

교육청 영재교육원 기출

42. 그림과 같이 맨 위의 점이 한 개인 상태로 정육면체의 주사위가 놓여 있다. 이 주사위를 여섯 번 굴려서 ☆ 로 표시된 위치까지 옮기려고 한다. ☆ 로 표시된 위치에 도달했을 때 주사위 맨 위의 점이 한 개가 되게 하려면, 어떤 길로 가야 하는지 가능한 경우를 순서대로 알파벳으로 나타내시오. (단, 한 번 굴릴 때 한 칸만 이동할 수 있고, 색칠한 칸은 지나갈 수 없다.) [6 점]

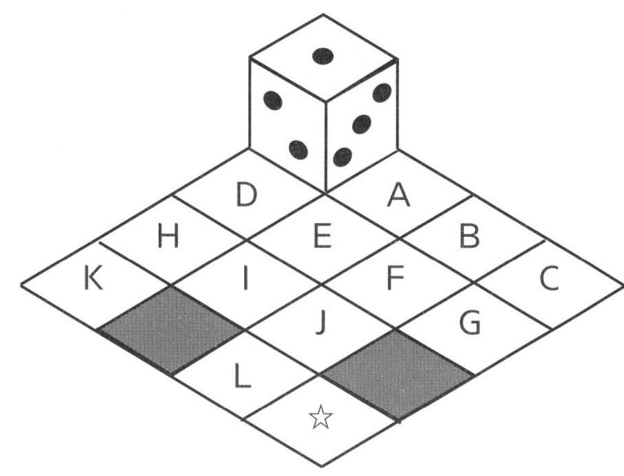

2 창의적 문제해결력 5 회

교육청 영재교육원 기출 유형

43. 45 세 이하의 일반인을 대상으로 오디션을 실시하였다. 오디션의 결과 최종 5 인이 남았고, 각각의 나이는 모두 달랐다. 최종 5 인의 나이를 서로 다른 세 자연수의 곱으로 나타내는 방법이 각각 4 가지라고 할 때, 5 명의 나이를 적은 나이에서 높이 나이순으로 나열해 보시오. [5 점]

정답 및 해설 / 예시 답안 > P. 68

신유형 문제

44. 무한이와 상상이는 1 부터 31 까지 숫자가 적힌 카드를 서로 나눠 가졌다. 무한이는 A 에서부터 B 까지의 연속되는 숫자를 가져갔고, 상상이는 무한이가 카드를 가져가고 난 뒤 남은 카드를 모두 가져갔다. 각자의 카드들에 적힌 숫자들의 합이 서로 같았다고 할 때, A 와 B 의 값을 각각 구하시오. (단, 1 부터 31 까지 숫자의 합은 496 이고, 496 = 16 × 31 이다.) [6 점]

496 = 16 × 31 이므로 더해서 31 이 되는 수의 쌍을 찾아보고, 이들을 8 개씩 나눠보자.

2 창의적 문제해결력 5 회

교육청 영재교육원 기출 유형

45. 무한이가 고른 숫자를 상상이가 맞추는 게임을 다음 순서에 따라 진행하려고 한다. <표> 와 같이 게임이 진행되었을 때, 순서에 상관없이 무한이가 고른 숫자를 찾고, 그 과정을 설명하시오. [5 점]

<게임 진행 순서>

1. 무한이는 0 ~ 9 까지 숫자에서 서로 다른 4 개의 숫자를 고른다.
2. 상상이는 0 ~ 9 까지 숫자 중 임의의 숫자 4 개를 말한다.
3. 상상이가 숫자 4 개를 말할 때마다 무한이는 그 중 몇 개의 숫자가 맞는지 알려준다.

횟수	상상이가 말한 숫자	상상이가 맞힌 갯수
1 회	1, 2, 3, 6	2
2 회	5, 6, 7, 8	2
3 회	3, 7, 5, 9	2
4 회	1, 8, 6, 9	2
5 회	0, 4, 7, 1	0

〈 표 〉

신유형 문제

46. 아래와 같이 같은 규칙에 따라 A, B 두 개의 사면체에 숫자들을 적었다. 같은 규칙으로 새로운 사면체 C 에 숫자들을 적는다고 할 때, 빈칸에 들어갈 숫자는 무엇인지 구해 보시오. [7 점]

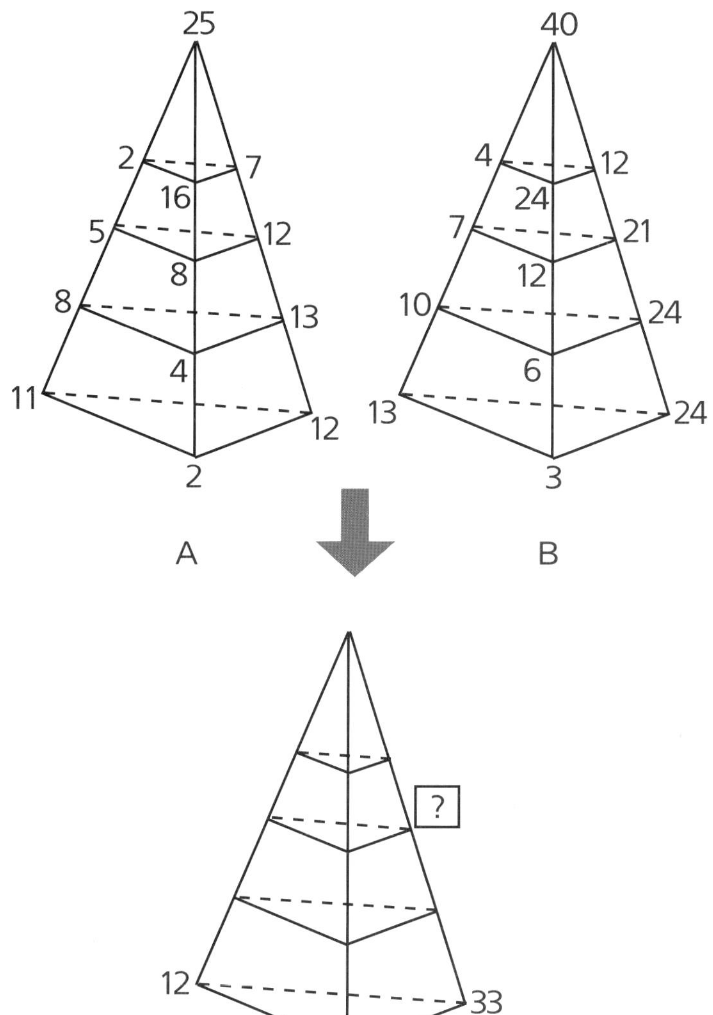

2 창의적 문제해결력 5 회

신유형 문제

47. 아래의 그림의 <A>, <B>, <C> 는 일정한 규칙을 따라 선분과 선분이 만나는 곳에 숫자를 적었다. 같은 규칙을 적용하여 그림 <D> 에 숫자를 적으려고 한다. 빈칸에 들어갈 숫자는 무엇인지 구해 보시오.

[5 점]

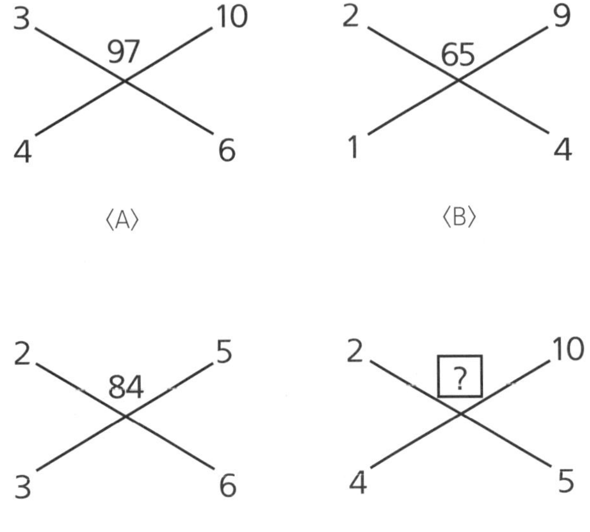

정답 및 해설 / 예시 답안 > P.70

교육청 영재교육원 기출

48. 아래의 <그림 1> 과 <그림 2> 는 달라 보이지만 <그림 2> 의 점을 잘 옮기면 <그림 1> 과 같은 그림이 된다. <그림 1> 의 A, B, C, D, E, F 에 해당하는 <그림 2> 의 숫자를 각각 구해 보시오. [5 점]

다른 점과 이어진 선분의 개수를 살펴보자.

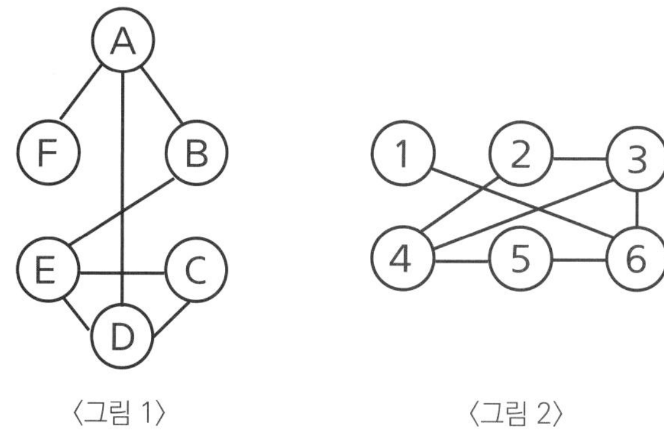

〈그림 1〉 〈그림 2〉

2 창의적 문제해결력 5 회

교육청 영재교육원 기출 유형

49. 아래의 <그림 1> 과 <그림 2> 는 달라 보이지만 <그림 2> 의 점을 잘 옮기면 <그림 1> 과 같은 그림이 된다. <그림 1> 의 A, B, C, D, E, F 에 해당하는 <그림 2> 의 숫자를 각각 구해 보시오. [4 점]

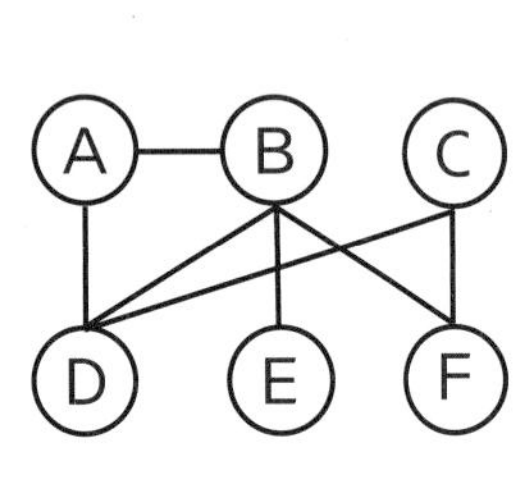

〈그림 1〉

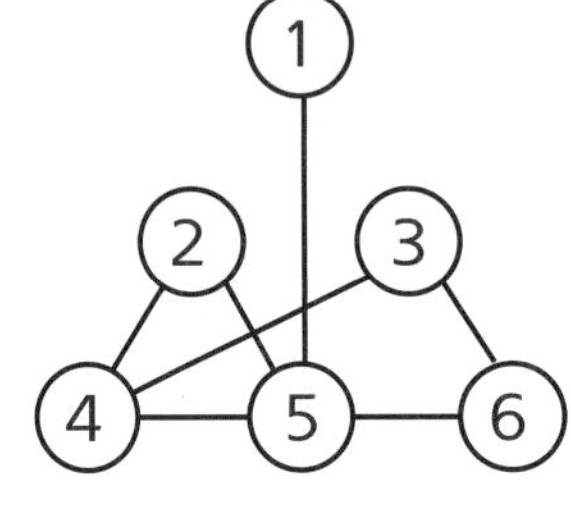

〈그림 2〉

정답 및 해설 / 예시 답안 ············> P. 71

50. 길이가 같은 줄 3 개를 하나씩 사용하여 각각 정삼각형, 정사각형, 정육각형을 만들었을 때, 넓이를 크기가 작은 것부터 순서대로 나열해 보시오. (단, 한 변의 길이가 A cm 인 정삼각형의 높이는 A × (0.85) cm 로 계산한다.) [5 점]

계산하기 편한 줄의 길이를 정하고, 각 도형의 넓이를 구해보자.

A
B
C
A+B
CREATIVE
THINKING!
π
GO
A
B
C
D
the BEST
꾸러미 120제

Part 3

STEAM /심층 면접

⑤ STEAM 융합

⑥ 심층 면접

5 | STEAM 융합

01. 다음 자료를 읽고 물음에 답하시오. [10 점]

<자료 1>

▣ 사다리 타기 게임의 방법

1. 위쪽과 아래쪽에 같은 개수의 항목을 적어 놓고 세로 선을 긋고, 가로 선을 서로 이어지지 않게 긋는다.
2. 위쪽 항목에서 시작하여 위에서 아래로 선을 따라 그린다.
3. 세로 선을 따라가다 가로 선을 만나면 그 가로 선을 따라 바로 옆의 세로 선으로 이동하여 다시 아래로 진행한다.

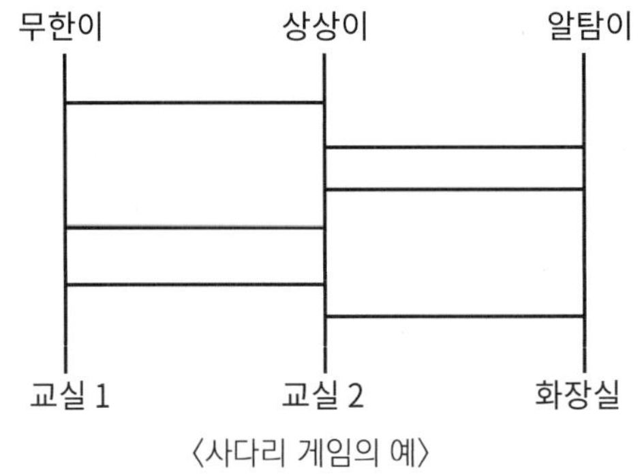

〈사다리 게임의 예〉

<자료 2>

① 아프리카의 부족은 목에 동물의 어금니를 달고 다니는데 그것은 자기가 잡았던 동물들의 수로 자신의 용맹함을 과시하기 위함이다.

② 아프리카의 마사이족은 미혼여성의 나이를 알리기 위하여 그녀의 나이와 같은 개수만큼의 놋쇠 목걸이를 하고 다닌다.

③ 영어에 'chalk up' 은 '기록하다' 라는 뜻으로 옛날 술집 주인이 손님들이 마시는 술잔의 수를 석판 위에 분필로 표시한 데서 유래한 것이다.

(1) 무한이, 상상이, 알탐이는 <자료 1> 의 사다리 게임을 통해 화장실 청소를 하게 될 사람을 고르고 있다. 이때, 교실, 복도, 화장실 청소가 서로 겹치지 않고 무한이, 상상이, 알탐이와 각각 하나씩이 배정된다. 무한이와 상상이가 모두 교실 청소를 하도록 사다리를 그릴 수 있는지 없는지 말해 보시오. 만약 그릴 수 있다면 그 사다리를 그리고, 그릴 수 없다면 그릴 수 없는 이유를 설명해 보시오. [6 점]

(2) <자료 2> 의 내용과 <자료 1> 의 사다리 게임에서 찾을 수 있는 공통적인 수학적 특징을 한 가지 말해 보시오. [4 점]

02. 다음 자료를 읽고 물음에 답하시오. [10 점]

<자료 1>

확률은 어떤 일이 일어날 가능성을 말하며, 수학에서의 사건 A 가 일어날 확률은 사건이 일어날 모든 경우의 수에 대한 사건 A 가 일어날 경우의 수의 비율을 뜻한다.

$$(\text{사건 A 가 일어날 확률}) = \frac{(\text{사건 A 가 일어날 경우의 수})}{(\text{전체 사건이 일어날 경우의 수})}$$

<자료 2>

프랑스의 유명한 수학자인 파스칼과 페르마는 편지로 서로의 생각을 나누었습니다. 어느 날 도박에 빠진 한 사람이 이들에게 문제를 제기하였는데, 그 문제는 아래와 같습니다.

" 실력이 비슷한 A 와 B, 두 사람이 판돈을 걸고 도박을 하였다. A 와 B 는 동전을 던져 앞면이 나오면 가가 뒷면이 나오면 나가 1 점을 획득하는 게임을 하여, 먼저 5 점을 얻는 사람이 두 사람이 건 돈을 모두 가지기로 하였다. 그런데 A 와 B 의 점수가 3 : 2 인 상황에서 게임을 중단해야 한다면 돈을 어떻게 나누어 가져야 하는가?"

페르마와 파스칼은 이에 대해 논쟁을 하면서 확률이라는 수학의 분야를 개척하게 되었습니다.

정답 및 해설 / 예시 답안 > P. 74

(1) 세 명의 아이가 있는 부부가 시장을 둘러보고 있었다. 악세사리 점 앞을 지날 때, 가게의 점원이 부부에게 딸이 있냐고 물었다. 점원은 머리띠를 팔려고 하는 눈치였다. 부부는 그렇다고 얘기하면서 딸에게 줄 머리띠를 한 개 샀다. 이 때, 부부의 아이 중 둘째 아이가 딸일 확률은 얼마인지 구해 보시오. [4 점]

(2) <자료 2> 에서 A 와 B 는 돈을 어떻게 나누어 가져야 하는지 설명해 보시오. [6 점]

5 | STEAM 융합

03. 다음 자료를 읽고 물음에 답하시오. [10 점]

<자료 1>

그리스 신화, 트로이 전쟁의 영웅 아킬레스(Achilles, 혹은 아킬레우스, Achilleus)는 발이 빠른 영웅으로 알려져 있다. 그런데 고대 그리스의 철학자인 제논은 아무리 빠른 아킬레스라도 거북이가 아킬레스보다 앞에서 출발한다면 아킬레스는 거북이를 따라잡을 수 없다는 역설을 제기했다. 그 역설의 내용은 다음과 같다.

"아킬레스는 거북이보다 1000 배 빠른 속도로 달릴 수 있다. 거북이가 느리므로 아킬레스보다 1000 m 앞에서 출발한다고 하자. 아킬레스가 거북이가 출발한 위치까지 오면, 그동안 거북이는 1 m 앞으로 나아가 있을 것이다. 이 1 m 를 아킬레스가 따라잡으면 그동안 거북이는 1/1000 m 나아가 있을 것이다. 또한 이 1/1000 m 를 아킬레스가 따라잡으면 그동안 거북이는 1/1000000 m 나아가 있을 것이다. 이처럼 아킬레스가 앞서가는 거북이의 위치를 따라잡는 순간 거북이는 항상 앞서 나가 있다. 따라서 아킬레스는 영원히 거북이를 따라잡을 수 없다,"

<자료 2>

-온도 따라 암수 결정 붉은바다거북 온난화로 멸종 위기-

〈붉은바다거북〉

기후변화에 따른 기온 상승으로 이번 세기 말쯤이면 붉은바다거북의 주요 번식지에서 수컷 부화가 끊겨 멸종할 수 있는 것으로 분석됐다. 영국 엑서터대 연구팀은 2100 년까지 아프리카 서안에서 500 ㎞ 떨어진 북대서양 섬나라 카보베르데에 있는 붉은바다거북 둥지의 90 % 이상이 '살인적인 고온' 속에서 알을 품어 부화하기도 전에 죽을 수 있다고 경고했다. 붉은바다거북 갓 난아이의 성별은 처음에 어미가 산란했을 때는 결정되지 않고 포란 시기의 온도에 따라 결정되는데, 최근 기후변화로 고온이 계속되면서 대부분 암컷만 태어나고 있다. 연구팀의 연구 결과 온실가스 감축이 실행된 상태에서도 2100 년이면 갓난 거북의 단 0.14 % 만이 수컷으로 부화할 것으로 예상했다.

정답 및 해설 / 예시 답안
> P. 75

(1) 아킬레스가 처음 1000 m 를 따라잡을 때까지 걸린 시간을 100 초라고 할 때, 거북이를 따라잡는 데 걸리는 시간을 어림하여 <자료 1> 에 나타난 제논의 역설을 반박해 보시오. [6 점]

(2) <자료 2> 의 내용을 바탕으로 붉은바다거북의 멸종 위기를 극복에 도움이 되는 방안을 3 가지 이상 말해 보시오. [4 점]

5 | STEAM 융합

04. 다음 자료를 읽고 물음에 답하시오. [10 점]

<자료 1>

- 무한이와 상상이는 서로 가위바위보를 하였다. 무한이는 가위바위보를 세 판할 때까지 상상이가 가위만 내는 것을 보고 그다음에도 가위를 낼 것으로 생각하였다. 그러나 네 판째에서 상상이는 보자기를 내었고 상상이는 네 판째 가위바위보에서 지게 되었다.
- 무한이는 주사위를 던지며 나오는 숫자를 관찰하고 있었다. 주사위를 6 번 던졌는데 주사위의 눈이 전부 3 이 나왔다. 무한이는 이미 3 의 눈이 6 번이나 나왔으므로 그 다음에 주사위를 던졌을 때 3 이 나올 확률이 훨씬 낮아졌다고 생각했다.

위의 두 예는 앞에 일어난 사건이 뒤에 일어난 사건에 전혀 영향을 주지 않지만 영향을 준다고 생각했기에 나타나는 오류이다.

<자료 2>

알탐이 : "우리 학교 전체 선생님의 3 분의 1 이 남자이니까 3 학년 1 반, 2 반, 3 반 선생님 중에는 반드시 남선생님이 계실 거야"

영재 : " 오늘 비가 올 확률이 70 % 야. 50 % 보다 더 높으니까 오늘은 반드시 비가 올 거야!"

<자료 3>

불확실성과 우연 현상을 다루는 확률은 유난히 많은 패러독스(paradox, 참이라고도 거짓이라고도 말할 수 없는 모순된 관계)가 존재한다. 유명한 패러독스 중의 하나가 '심슨의 패러독스(Simpson's paradox)'이다. 심슨의 패러독스의 예중 하나는 어느 대학에 지원한 학생들의 성별 합격률에 관한 것이다. 1973년 캘리포니아 대학에 지원한 학생의 성별에 따른 입학률은 여학생이 35 %, 남학생이 44 % 였다. 그런데 대부분 학과에서는 남녀의 입학률이 비슷하였고, 일부 학과에서는 오히려 여학생의 입학률이 남학생의 입학률보다 높았다고 한다.

(단, 입학률은 $\frac{(\text{합격한 학생의 수})}{(\text{지원한 학생의 수})}$ 로 계산한다.)

정답 및 해설 / 예시 답안 ·············> P. 76

(1) <자료 2> 의 대화에서 알탐이와 영재의 생각이 옳은지 판단하고 이유를 설명해 보시오. [4 점]

(2) 아래의 표는 어느 대학교 학과 1, 2 에 지원한 학생들의 합격과 불합격한 학생의 숫자를 적어놓은 것이다. 아래의 표에서 학과 1, 2 전체에서 여학생의 입학률은 남학생의 입학률보다 낮지만 각 학과의 신입생에서는 남학생의 입학률이 여학생의 입학률보다 낮다. 이를 구체적인 값을 구하여 설명해 보시오. 또한 이를 통해서 자료를 해석할 때 주의해야 할 점을 말해 보시오. [6 점]

구분	여학생		남학생	
	합격	불합격	합격	불합격
학과 1	2	3	1	2
학과 2	3	1	5	2
학과 1, 2 전체	5	4	6	4

05. 다음 자료를 읽고 물음에 답하시오. [10 점]

<자료 1>

19세기의 가장 위대한 수학자인 가우스는 어렸을 때부터 그 재능이 남달랐다. 가우스가 초등학생 때의 일이다. 가우스의 수학 선생님은 잠시 교실을 비우는 동안 학생들을 1 부터 100 까지의 숫자를 모두 더하라고 했다. 아무리 빨리해도 20 ~ 30 분은 걸릴 것으로 생각했는데, 선생님이 교실 문을 나가기도 전에 가우스는 덧셈의 답을 구하였다. 어떻게 문제를 해결할 수 있었을까? 가우스는 아래와 같이 줄을 나눠 쓴 다음에 세로로 숫자를 더하면 그 값이 101 로 같은 점을 이용했다. 101 을 50 번 더한 것과 1 부터 100 까지의 합이 같으므로 1 + 2 + ... + 99 + 100 의 값은 101 × 50 = 5050 이 된다.

$$
\begin{array}{r}
1 + 2 + 3 + 4 + 5 + \cdots + 50 \\
+ \;\; 100 + 99 + 98 + 97 + 96 + \cdots + 51 \\
\hline
101 + 101 + 101 + 101 + 101 + \cdots + 101
\end{array}
$$

<자료 2>

한 변의 길이가 1 cm 인 정사각형이 있다. 이를 이용하여 1 + 2 + 3 + 4 + 5 + 6 = 21 임을 알아보자.

① 한 변의 길이가 1 cm 인 정사각형을 아래와 같이 이어 붙이면 이 도형의 넓이는 (1 + 2 + 3 + 4 + 5 + 6) cm^2 이다.

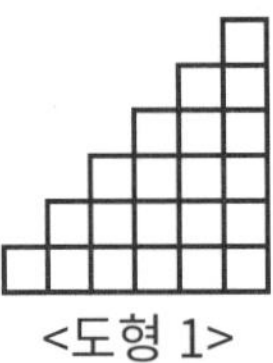

<도형 1>

② <도형 1> 2 개를 아래와 같이 포개면 밑변의 길이가 6 cm 이고, 높이가 7 cm 인 직사각형을 만들 수 있다.

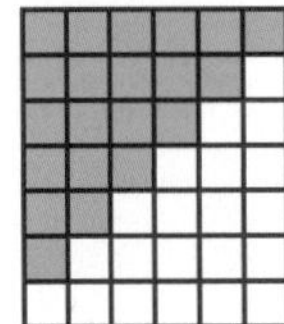

③ <도형 1 > 의 넓이는 위 직사각형 넓이의 절반이므로 42 ÷ 2 = 21 cm^2 이다. ① 에서 <도형 1>의 넓이는 (1 + 2 + 3 + 4 + 5 + 6) cm^2 이므로 (1 + 2 + 3 + 4 + 5 + 6) = 21 이다.

정답 및 해설 / 예시 답안
> P. 76

(1) <자료 1> 의 방법을 이용하여 51 부터 140 까지의 합을 구하여라. [6 점]

(2) 한 변의 길이가 1 cm 인 정사각형을 아래와 같이 이어붙였다. 이를 이용하여 1 + 3 + 5 + ... + 71 의 값을 구해 보시오. [4 점]

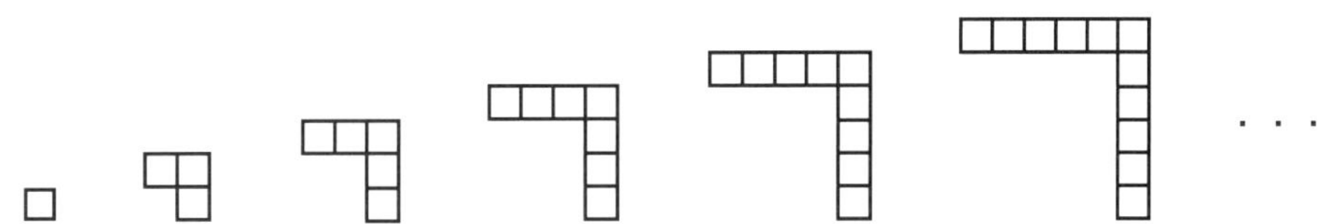

06. 다음 자료를 읽고 물음에 답하시오. [10 점]

<자료 1>

그래프란 자료를 점, 직선, 곡선, 막대, 그림 등을 사용하여 나타낸 것을 말하며 여러 가지 유용한 성질이 많아 실생활에서 다양하게 활용된다. 예를 들어 일수에 따른 해바라기 새싹의 길이 등을 그래프로 나타내면 유용하다. 물통 A 에 일정한 속도로 물을 넣어 물을 채울 때 시간에 따른 물의 높이를 그래프로 나타내면 아래와 같다.

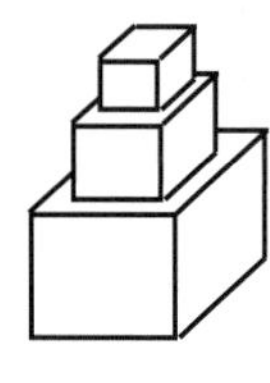

〈물통 A〉

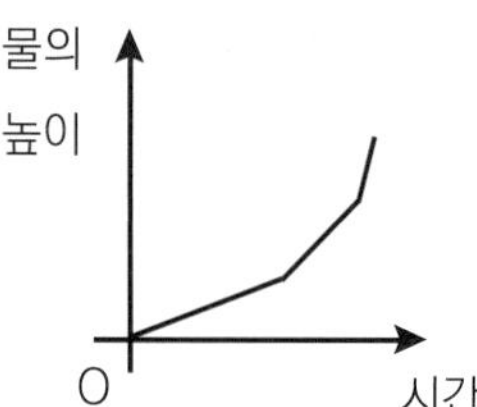

〈시간에 따른 물의 높이 그래프〉

<자료 2>

1906년 독일의 프리츠라는 의사가 환자의 병력을 기록한 카드를 살피다가 설사, 발열, 심장 발작 등이 어떤 규칙성을 가지고 발병한다는 사실을 깨달았다. 이에 따라 인간의 생물학적 기능은 태어나면서부터 일정한 주기성을 보인다는 바이오리듬 이론이 탄생하였다. 인간의 바이오리듬에는 신체(23일 주기), 감정(28일 주기), 지성(33일 주기) 리듬의 세 가지 종류가 알려져 있다. 바이오리듬이 발견되면서 인간의 생물학적 현상도 수학으로 표현할 수 있게 되었다. 아래의 그림은 어떤 사람의 신체, 감정, 지성의 컨디션을 탄생일로부터 일수별로 각각 나타낸 그래프이다.

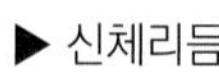

▶ 신체리듬

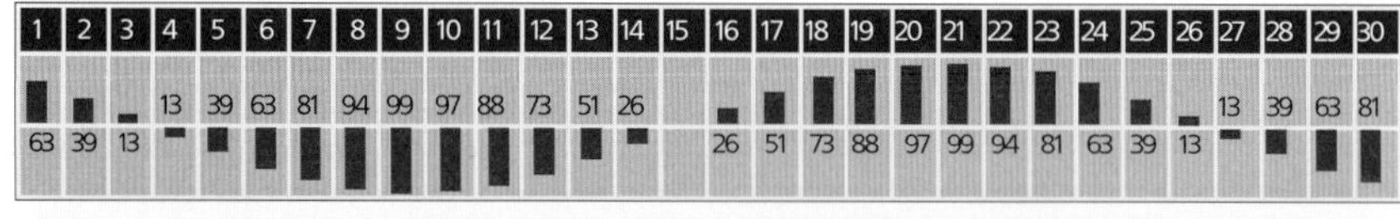

1	2	3	4	5	6	7	8	9	10	11	12	13	14	15	16	17	18	19	20	21	22	23	24	25	26	27	28	29	30
63	39	13	13	39	63	81	94	99	97	88	73	51	26		26	51	73	88	97	99	94	81	63	39	13	13	39	63	81

▶ 감성리듬

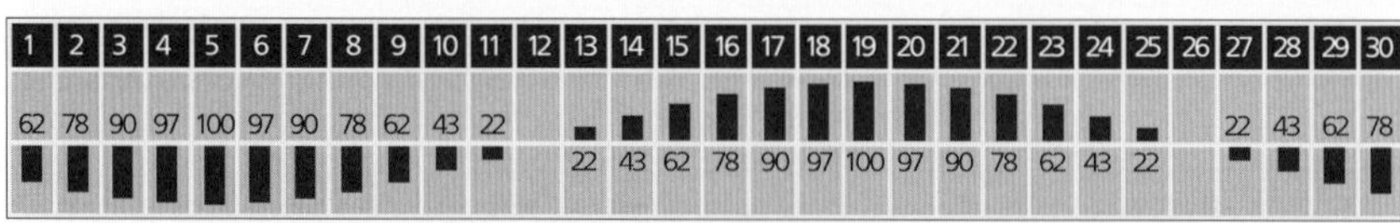

1	2	3	4	5	6	7	8	9	10	11	12	13	14	15	16	17	18	19	20	21	22	23	24	25	26	27	28	29	30
62	78	90	97	100	97	90	78	62	43	22		22	43	62	78	90	97	100	97	90	78	62	43	22		22	43	62	78

▶ 지성리듬

1	2	3	4	5	6	7	8	9	10	11	12	13	14	15	16	17	18	19	20	21	22	23	24	25	26	27	28	29	30
9	9	28	45	61	75	86	94	98	99	97	90	81	69	54	37	18		18	37	54	69	81	90	97	99	98	94	86	75

정답 및 해설 / 예시 답안 > P. 77

(1) 아래와 같은 <물통 B>, <물통 C> 에 일정한 속도로 물을 넣어 물을 채울 때 시간에 따른 물의 높이를 그래프로 그려 보시오. [6 점]

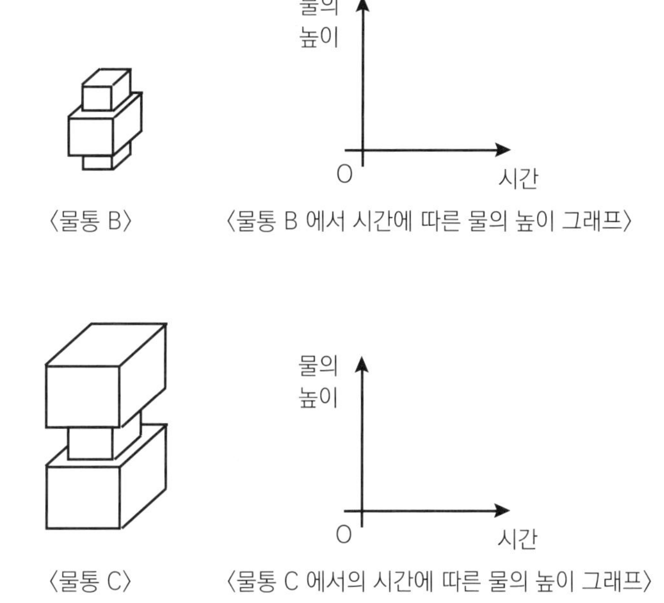

〈물통 B〉 〈물통 B 에서 시간에 따른 물의 높이 그래프〉

〈물통 C〉 〈물통 C 에서의 시간에 따른 물의 높이 그래프〉

(2) 만약에 어떤 사람이 태어난 그 날에 신체, 감정, 지성이 모두 최상의 상태였다면 다시 모든 리듬이 동시에 최고조에 달하는 것은 며칠 후인지 예상해 보시오. [4 점]

07. 다음 자료를 읽고 물음에 답하시오. [10 점]

<자료>

테셀레이션은 우리 말로는 쪽 맞추기라고 하며, 같은 모양의 조각들을 서로 겹치거나 틈이 생기지 않게 늘어놓아 평면이나 공간을 덮는 것을 말한다. 타일링, 타일 깔기, 또는 쪽매붙임이라고도 한다. 테셀레이션은 우리의 생활 주변에서 많이 활용되고 있는데, 포장지, 궁궐의 단청, 거리의 보도블록, 욕실의 타일 바닥 등에서 쉽게 찾아볼 수 있다.

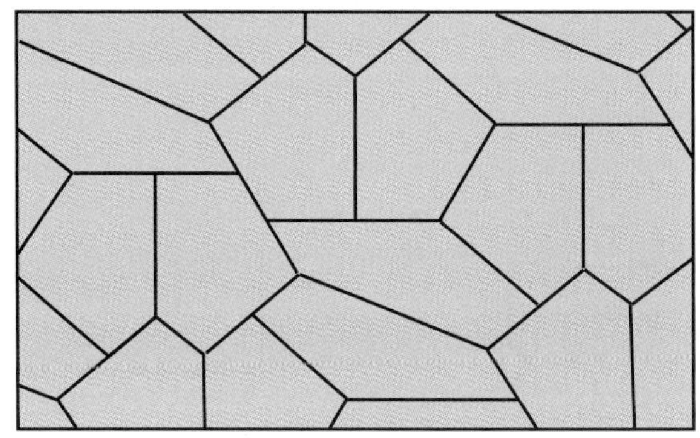

〈오각형을 이용한 테셀레이션〉

〈테셀레이션을 이용한 예술작품〉

정답 및 해설 / 예시 답안
> P. 78

(1) 테셀레이션을 활용하여 보도블록을 만들려고 한다. 적절한 도형 2 개를 이용하여 아래의 보도를 채워 보시오. (단, 2 개의 도형의 각의 개수는 서로 다르게 선택한다.) [4 점]

보도

(2) 아래와 같이 반지름의 길이가 1 cm 인 사분원과 직사각형을 붙여 테셀레이션을 만들었다. 이때, 도형 ⓐ, ⓑ, ⓒ, ⓓ 의 넓이의 합은 얼마인지 구해 보시오. [6 점]

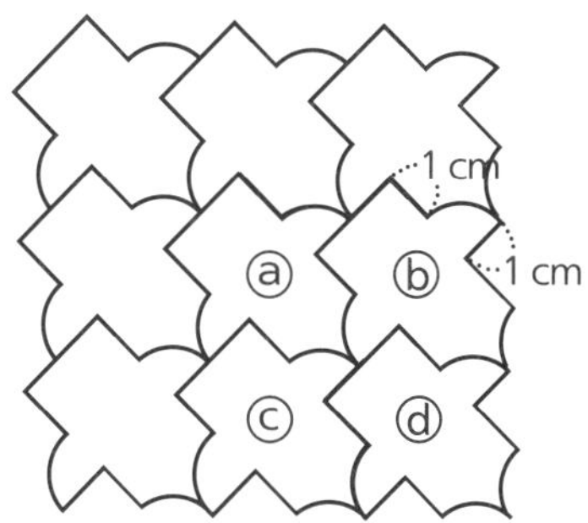

08. 다음 기사와 자료를 읽고 물음에 답하시오. [10 점]

<자료 1>

〈벌집을 정비하는 꿀벌의 모습〉

평면과 공간에서 점, 선, 각, 면, 입체 등의 수학적 성질을 연구하는 분야가 기하학이다. 자연에서는 기하학 구조가 수없이 많이 발견된다.

이를테면 동물이 어떤 지점 A 에서 다른 지점 B 로 이동할 때 되도록 직선으로 가려고 한다. 최단 경로인 직선일 때 최소의 힘(에너지)이 들기 때문이다. 그러나 만일 중간에 바위나 나무 같은 장애물이 있으면 살짝 돌아가는 편이 힘이 덜 든다. 그러다 보면, 거친 곡선이 생긴다. 그리고 세월이 지나면 A 와 B 는 매끈한 곡선의 오솔길로 연결된다. 겉으로는 구불구불하지만 잘 살펴보면 오솔길의 곡선이 가장 아름다우면서도 빠르고 쉬운 길이다. 자연의 기하학은 항상 최소의 에너지를 요구하게 되어있다. 또한, 벌집의 육각 기둥 구조는 최소의 재료(밀랍)를 써서 최대한 많은 용량의 꿀을 담을 수 있게 한다.

<자료 2>

아래의 표는 길이가 12 cm 인 끈을 가지고 여러 도형을 만들 때 만들어지는 넓이를 비교한 것이다.

구 분	정삼각형	직사각형 1	직사각형 2	정사각형	정육각형	정팔각형	원
변의 길이 (cm)	4	1, 5	2, 4	3	2	1.5	.
넓이(cm^2)	약 6.9	5	8	9	약 10.4	약 10.9	약 11.5

〈길이가 12 cm 인 끈으로 만든 도형의 넓이〉

정답 및 해설 / 예시 답안
> P. 79

(1) <자료 2> 의 표를 이용하여 아래의 ①, ②, ③, ④ 에 알맞은 단어를 골라 보시오. [4 점]

정다각형의 둘레의 길이가 같을 때, 정다각형의 각의 개수가 많을수록 넓이가 ① (크다, 작다). 또한, 둘레의 길이가 같은 도형 중에서 원의 넓이가 가장 ② (크다, 작다). 이를 통해서 정다각형의 넓이가 같을 때, 정다각형의 각의 개수가 많을수록 둘레의 길이가 ③ (크며, 작으며) 같은 넓이의 도형 중에서 원의 둘레가 가장 ④ (큼, 작음) 을 알 수 있다.

(2) 벌집의 육각 기둥 구조는 최소의 재료(밀랍)를 써서 최대한 많은 용량의 꿀을 담을 수 있게 한다. 만약 원기둥 구조의 벌집을 만들었다면, 기존의 육각 기둥 구조의 벌집보다 좋은 점과 나쁜 점을 한 가지씩 쓰시오. [6 점]

5 | STEAM 융합

09. 다음 자료를 읽고 물음에 답하시오. [10 점]

<자료>

정다면체란 각 면의 크기와 모양이 모두 같은 정다각형이고, 각 꼭짓점에 모여 있는 면의 개수가 같은 다면체를 말한다. 정다면체의 종류는 정사면체, 정육면체, 정팔면체, 정십이면체, 정이십면체 뿐이고 다른 정다면체는 존재하지 않는다.

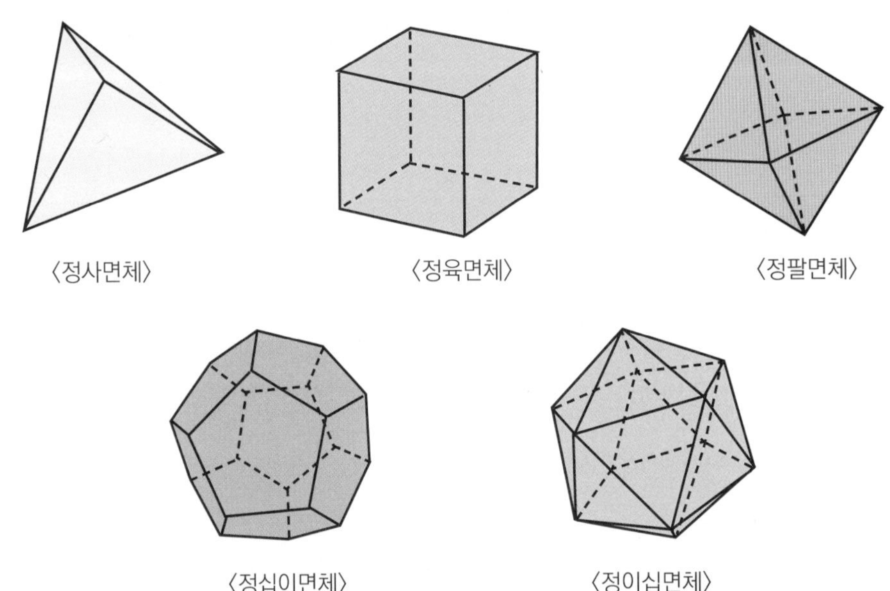

〈정사면체〉 〈정육면체〉 〈정팔면체〉

〈정십이면체〉 〈정이십면체〉

정답 및 해설 / 예시 답안 > P. 79

(1) 정다면체의 한 면은 삼각형, 사각형 또는 오각형이다. 육각형을 한 면으로 하는 정다면체가 없는 이유를 설명해 보시오. [6 점]

(2) 빨강색, 주황색, 노랑색, 초록색, 파란색, 남색의 6 가지 색을 이용하여 주사위의 여섯 면을 색칠하려고 한다. 6 가지 색깔을 한 번씩만 사용하여 주사위의 인접한 면을 서로 다른 색으로 칠하려고 할 때, 주사위를 색칠하는 경우의 수를 구해 보시오. [4 점]

5 | STEAM 융합

10. 다음 자료를 읽고 물음에 답하시오. [10 점]

<자료 1>

'시어핀스키 삼각형(Sierpinski triangle)'은 폴란드의 수학자 바츨라프 시어핀스키(Waclaw Sierpinski, 1882~1969)의 이름을 딴 도형이다. 주어진 정삼각형의 각 변의 중점을 이으면 합동인 4 개의 작은 정삼각형이 만들어지는데, 이때 가운데 있는 정삼각형을 제거하여 3 개의 정삼각형만 남긴다. 남아 있는 3 개의 정삼각형에 대해서도 이런 과정을 반복하면서 시어핀스키 삼각형들을 얻을 수 있다. 아래의 그림은 0 단계부터 3 단계까지 과정을 반복했을 때 나타나는 시어핀스키 삼각형의 모습니다.

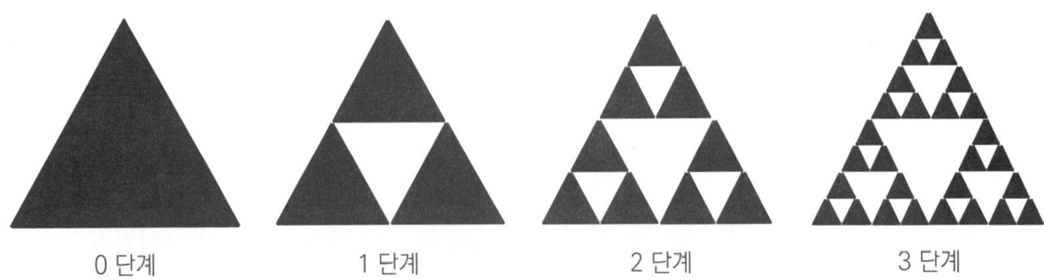

<자료 2>

파스칼의 삼각형이란 아래의 규칙으로 자연수를 삼각형 모양으로 배열한 것을 말한다.

단계 1) 파스칼의 삼각형에서 각 행의 맨 처음과 끝에 1 을 적는다.

단계 2) 숫자 사이의 수들은 바로 위의 행의 왼쪽과 오른쪽에 있는 두 수의 합을 적는다.

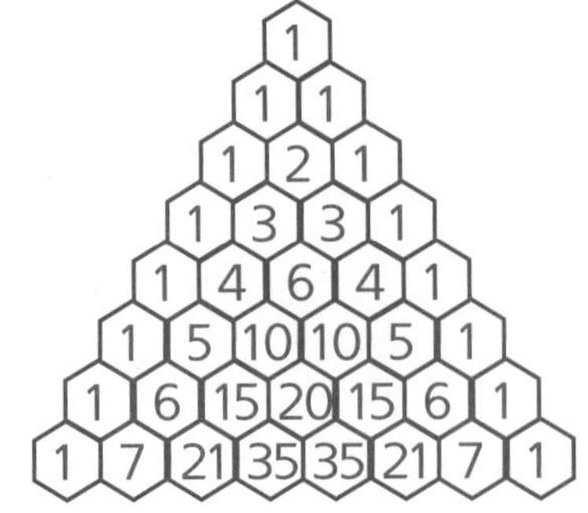

정답 및 해설 / 예시 답안 ....> P. 80

(1) <자료 1> 의 과정을 반복할 때 5 단계에서 나타나는 시어핀스키 삼각형에서 검은 삼각형의 개수는 몇 개인지 구해 보시오. [4 점]

(2) 파스칼의 삼각형에는 시어핀스키 삼각형과 유사한 구조가 들어 있다. 파스칼 삼각형을 8 행까지 만들었을 때, 홀수는 그대로 두고, 짝수만 회색으로 칠하면 아래의 (가) 와 같은 모양이 나타난다. 파스칼 삼각형을 16 행까지 만들었을 때, (가) 와 같은 방식으로 색을 칠한다면 어떤 모양이 될지 (나) 에 색칠해 보시오. [6 점]

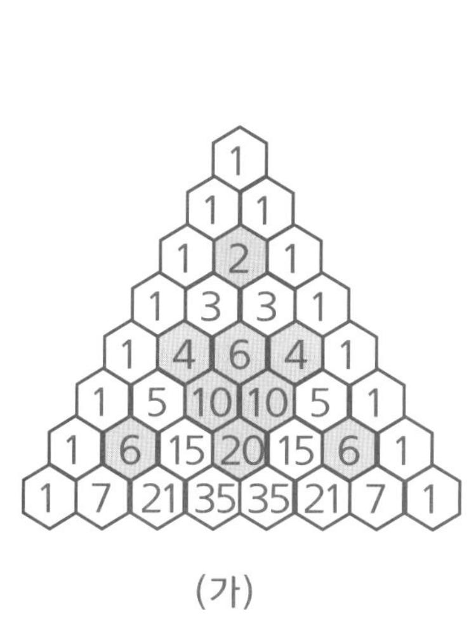

(가)

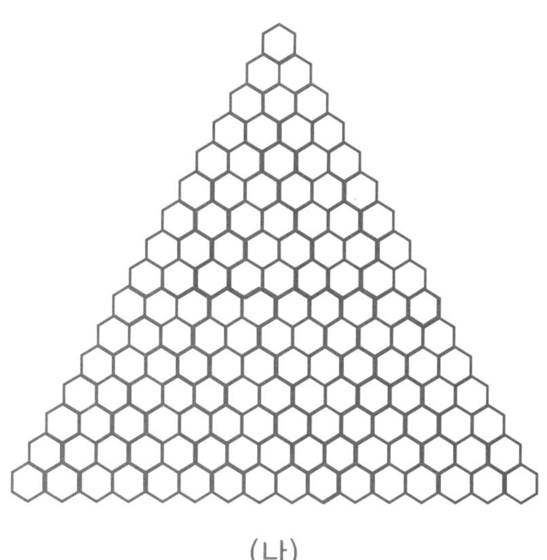

(나)

5 | STEAM 융합

11. 다음 자료를 읽고 물음에 답하시오. [10 점]

<자료>

평면도형을 한 직선을 축으로 하여 1 회전 시킬 때 생기는 입체도형을 회전체라고 한다. 이때 회전의 축이 되는 직선을 회전축이라고 하고 회전체에서 옆면을 만드는 선분을 모선이라고 한다.

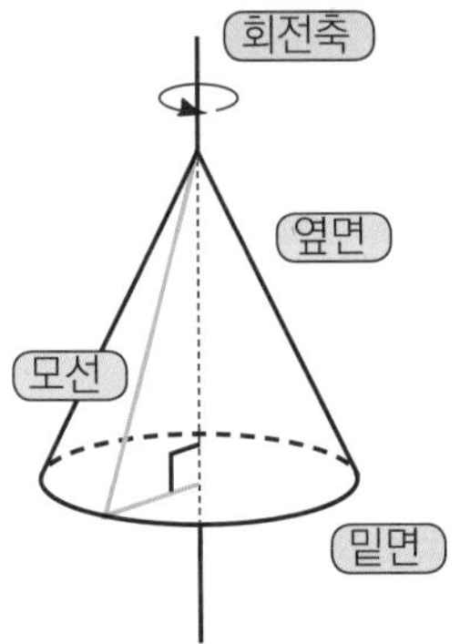

또한 직사각형의 한 직선을 축으로 하여 1 회전 시키면 원기둥 모양의 회전체가 나타난다.

(1) <그림 1> 과 같이 투명한 날을 가진 손목 선풍기가 있다. 이 선풍기의 세 가지 날개 중 한쪽 날개를 초록색 매직으로 칠한 뒤 선풍기가 돌아가는 상태에서 <그림 2> 와 같이 회전축을 중심으로 1 회전시킬 때, 초록색 매직을 칠한 선풍기의 날에 의해 나타나는 입체도형의 모습을 설명해 보시오. [4 점]

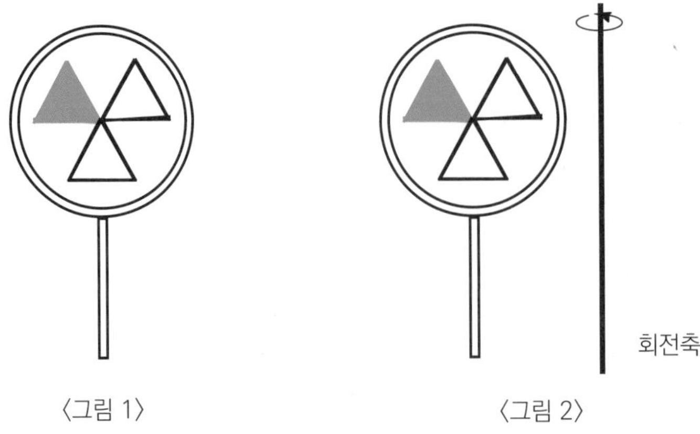

〈그림 1〉 〈그림 2〉

정답 및 해설 / 예시 답안
> P. 81

(2) <그림 1> 과 같이 밑변의 길이가 3 cm, 높이가 4 cm 인 직사각형을 A, B 의 두 조각으로 나누었다. <그림 2>, <그림 3> 과 같이 A, B 를 회전축을 중심으로 1 회전 시킬 때 생기는 입체도형을 각각 C, D 라고 하자. 이때 C, D 의 부피의 차이를 구해 보시오. (단, 원주율은 3.14 로 계산한다.) [6 점]

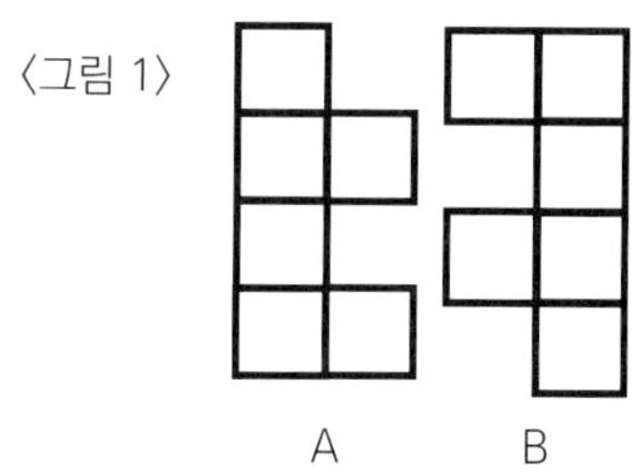

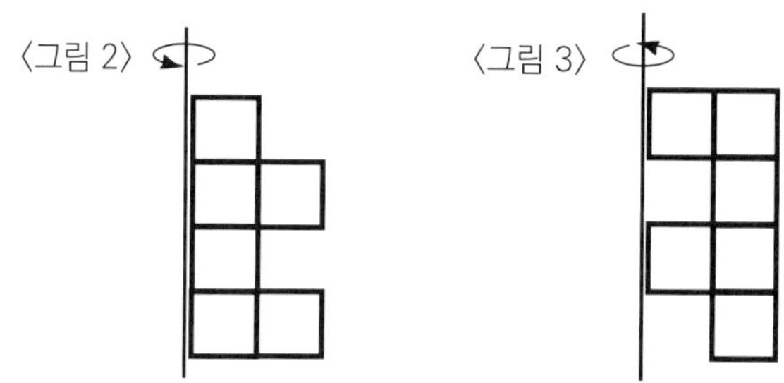

5 | STEAM 융합

12. 다음 자료를 읽고 물음에 답하시오. [10 점]

<자료 1>

그림과 같이 삼각형 ABC와 삼각형 DEF이 가운데의 직선을 중심으로 접어서 완전히 포개어질 때, 두 도형은 가운데의 직선에 대하여 선대칭의 위치에 있는 도형이라고 하고, 이때 가운데의 직선을 대칭축이라고 합니다.

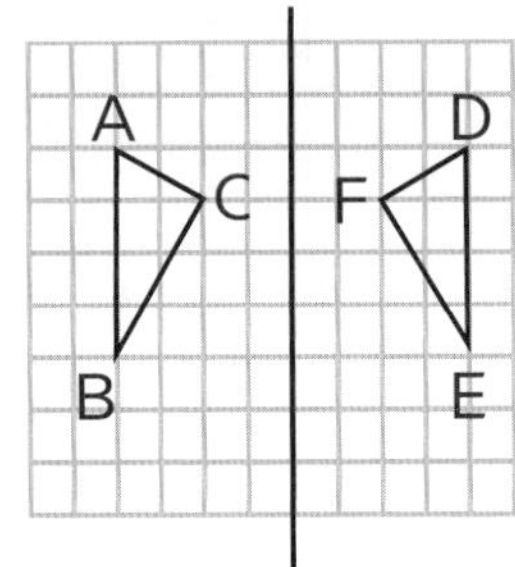

<자료 2>

어떤 평면에 파동이 들어오는 것을 입사라 하고, 이때 그 평면의 법선과 입사하는 파동의 방향이 이루는 각도를 입사각이라 한다. 즉, 물이나 공기 같은 매질 속을 진행하는 파동이 다른 매질과의 경계면에 도달할 때 이 경계면의 법선과 이루는 각도를 말한다. 또한, 반사되는 파동의 방향과 평면의 법선이 이루는 각도를 반사각이라 한다. 즉, 물이나 공기 같은 매질 속을 진행하는 파동이 다른 매질과의 경계면에 도달하면 반사될 수 있는데, 반사되는 파동의 방향과 경계면의 법선 사이의 각도를 말한다. 또한 소리, 빛, 전자기파 같은 파동이 어떤 매질에서 다른 매질로 진행할 때, 입사각과 반사각의 크기는 같다.

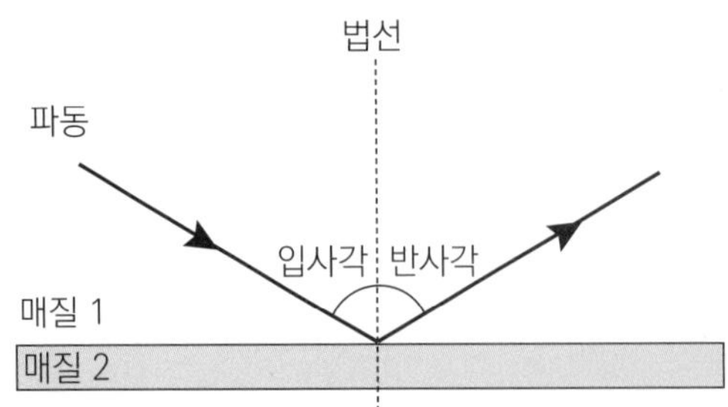

정답 및 해설 / 예시 답안 ··············> P. 81

(1) 아래에는 삼각형 ABC 과 선이 주어져 있다. 주어진 선을 대칭축이라 할 때, 주어진 삼각형 ABC 에 선 대칭의 위치에 있는 삼각형 DEF 를 그려 보시오. [4 점]

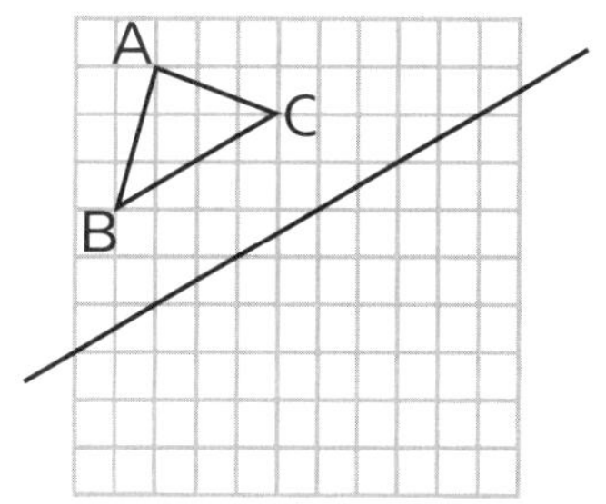

(2) 아래의 (가) 와 같이 벽면이 거울로 된 방이 있다. (나) 와 같이 A 지점에 레이저를 설치한 후 레이저 빛이 B 지점에 도달하게 하려고 한다. A 지점에서 ①, ②, ③, ④ 지점으로 레이저 빛을 쏘았을 때, ①, ②, ③, ④ 지점 중 레이저 빛이 B 에 도달하는 지점을 모두 골라 보시오.
(단, 레이저 선이 (가) 의 꼭짓점을 스치는 경우 레이저 선의 방향은 바뀌지 않고 계속 나아가며, 레이저 선의 경로는 레이저 선이 (가) 의 꼭짓점에 도달할 때까지만 고려한다.) [6 점]

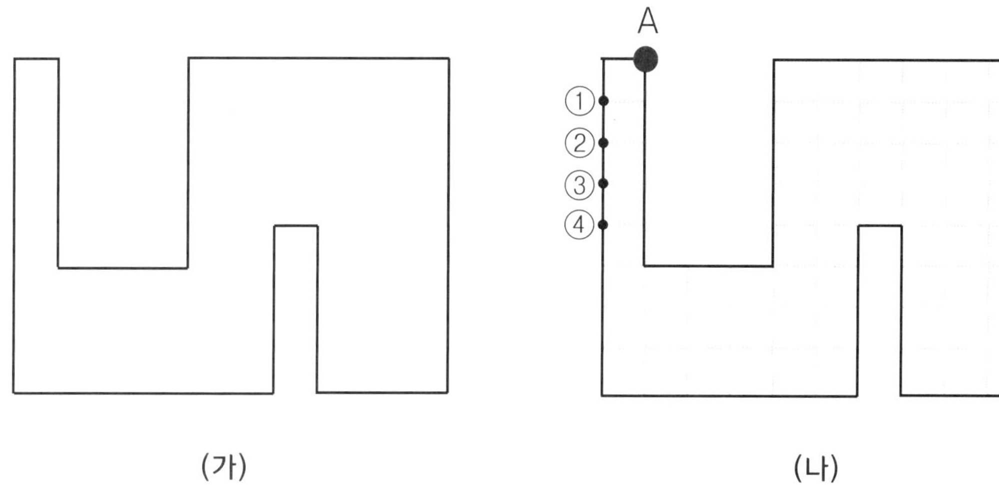

6 | 심층 면접

13. 아래의 글을 읽고, 글에 나타난 인공지능 CCTV의 설치를 찬성하는지 반대하는지 이유와 함께 말해 보시오. [5 점]

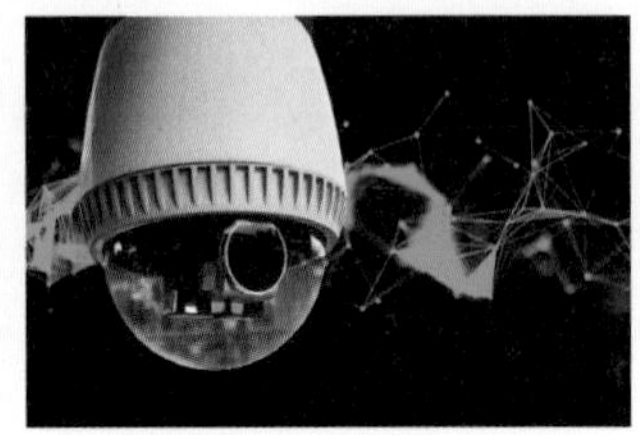
▲ 인공지능 CCTV

AI 란 컴퓨터에서 인간과 같이 사고하고 생각하고 학습하고 판단하는 논리적인 방식을 사용하는 인간지능을 본뜬 고급 컴퓨터프로그램을 말한다. AI 기술을 통해 우리는 예전에 할 수 없었던 다양한 일들을 할 수 있게 되었다. 중국은 AI 기술을 범죄자의 검거에 활용했다. 도시 곳곳에 안면인식 데이터베이스를 구축한 인공지능 CCTV를 설치해 범죄 용의자를 추적하는 것이다. 이를 통해 용의자의 검거율을 높일 수 있었다. 하지만 이러한 방식은 범죄자가 아닌 모든 사람을 감시함으로써 개인의 인권을 침해한다는 비판을 받는다. 2020 년까지 중국 전역에 AI 감시 카메라 개수는 최소 4 억만 대가 설치될 것으로 알려졌는데 중국 정부는 이런 무수한 감시카메라로 누가 어디서 무엇을 하는지 실시간으로 감시할 수 있다. 이러한 이유로 인공지능 CCTV 양이 과도하게 많이 설치되는 것이 아니냐는 지적이 나오고 있다.

14. 영재교육원에서 어떤 형식, 어떤 내용의 교육을 받았으면 좋겠는지 말해 보시오. [5 점]

정답 및 해설 / 예시 답안
> P. 84

15. 맨홀 뚜껑을 동그랗게 만든 이유가 무엇일지 말해 보시오. [5 점]

16. 수학이 유용하다고 느끼는 이유를 세 가지 이상 말해 보시오. [5 점]

6 | 심층 면접

17. 모둠 활동을 하는 도중에 모둠의 두 친구가 의견이 맞지 않아 서로 다투었습니다. 모둠 활동을 끝낼 시간이 다가오는데 아직 해야 하는 모둠 활동이 많이 남아 있습니다. 싸운 두 친구는 토라져서 모둠 활동을 안 하고 있고, 남은 시간 안에 모둠 활동을 끝내기에는 손이 모자랍니다. 이러한 상황에서 어떻게 문제를 해결해야 할지 말해 보시오. [5 점]

18. 천문대에서는 밤하늘의 수많은 별을 관측할 수 있다. 이때, 밤하늘의 별의 개수를 세는 방법을 말해 보시오. [5 점]

정답 및 해설 / 예시 답안 ·············> P. 85

19. 북극에 간다면 가져갈 5 가지 물건을 고르고 고른 이유를 설명하시오. [5 점]

20. 자신의 장래희망 직업이 무엇인지 말하고, 그 직업을 통해 이루고 싶은 목표를 3 가지 이상 말해 보시오. [5 점]

메모

꾸러미 120제

무한상상

꾸러미 동산에 잘 오셨어요!

잠 좀 깨우지 않기!

무엇부터 할까?
친구들 안뇽!

아이앤아이

영재교육원 대비 꾸러미 120제

정답 및 해설

예시 답안

수학 초등 4~5

무한상상

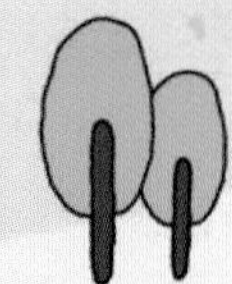

영재교육원 대비 **꾸러미 120제**

정답 및 해설

예시 답안

수학 초등 4~5

▶ 나의 문제 해결방법이 맞는지 체크하고 창의력 점수를 매겨보자.

1 언어 / 추리 / 논리

· 총 10 문제입니다. 각 평가표에 있는 기준별로 배점을 했습니다. / 단원 말미에서 성취도 등급을 확인하세요.

문 01
P. 12

문항 분석 및 평가표

⟶ 문항 분석 : 주어진 내용이 잘 전달될 수 있도록 자세하게 표지판을 표현하였는지를 통해 정교성을, 재미있고 신선하게 그렸는지를 통해 독창성을 평가하는 문항이다.

⟶ 평가표 :

문장 1, 2, 3 의 '떼다' 가 이야기에 하나도 나타나지 않음	0점
문장 1, 2, 3 의 '떼다' 중 1 개를 사용하여 이야기를 만듬	2점
문장 1, 2, 3 의 '떼다' 중 2 개를 사용하여 이야기를 만듬	3점
문장 1, 2, 3 의 '떼다'를 모두 사용하여 이야기를 만듬	5점

출제자 예시 답안

⟶ 한 마을에 도둑이 있었다. 어느 날 우연히 뉴스를 본 도둑은 가까운 박물관에 값비싼 도자기를 훔치기 위해 계획을 세웠다. 계획한 날 저녁 도둑은 박물관에 잠입해 가져온 도구로 도자기를 보호하고 있는 강화유리를 자르고 이를 떼어냈다. 도자기를 챙긴 도둑은 부지런히 발을 떼어 출구로 향했다. 출구로 나온 도둑은 때마침 지나가던 한 청년과 마주쳤다. 커다란 가방을 수상히 여긴 청년이 가방에 대해 질문하자 도둑은 입을 떼지 않고 있다가 갑자기 도망치기 시작했다. 청년은 곧바로 도둑을 뒤따라가 도둑을 잡았다. 도둑은 도자기가 조금만 더 작았어도 도둑질에 성공했을 거라며 한탄했다.

문 02
P. 13

문항 분석 및 평가표

⟶ 문항 분석 : 주어진 글을 읽고, 무한이네 어머니의 입장에서 무한이가 스스로 숙제를 하나씩 해나갈 수 있도록 격려하는 글을 속담이나 격언을 이용하여 만들어보자.

⟶ 평가표 :

내용에 적절한 속담이나 격언이 없음	0점
속담 또는 격언을 적절히 사용하여 문장을 만듬	4점

출제자 예시 답안

⟶ "무한아, 방학숙제가 너무 많아서 숙제할 엄두가 안 나는구나? 그렇지만 '천리길도 한걸음부터' (또는 '시작이 반이다') 라는 말이 있잖아? 아무리 양이 많아도 하나씩 하나씩 해나가면 충분히 숙제해갈 수 있을 거야."

문 03
P. 14

문항 분석 및 평가표

⟶ 문항 분석 : 내가 스님이라고 생각하고 해결책을 자유롭게 말해 보자.

⟶ 평가표 :

해결책을 적지 않음	0점
1 개의 해결책만 제시함	2점
2 개의 해결책만 제시함	3점
3 개의 해결책을 모두 제시함	5점

출제자 예시 답안

⟶ 해결책 1 : 고양이를 데려가서 들쥐를 잡게 한다.
해결책 2 : 치즈를 가지고 가서 치즈를 던져서 잘 먹는지 본다.
해결책 3 : 들쥐와 가족들이 심도 있는 얘기를 해보게 한다.
해결책 4 : 부적을 줘서 쥐의 머리에 붙이게 한다.

문 04
P. 15

문항 분석 및 평가표

⟶ 문항 분석 : 주어진 조건을 이용하여 6 명의 학생이 경복궁에 도착한 순서를 생각해 보자.

⟶ 평가표 :

정답 틀림	0점
정답 맞음	5점

정답 및 해설

⟶ 정답 : 명구 – 자전거, 은철 : 간선버스, 현석 : 마을버스, 일호 : 지하철 , 승욱이 : 택시, 현택 : 걷기

⟶ 해설 : 경복궁에 도착한 사람의 순서를 알아보자.

① 자전거를 탄 사람, 택시를 탄 사람, 간선버스를 탄 사람, 마을버스를 탄 사람, 지하철을 탄 사람, 걸어간 사람 순으로 경복궁에 도착할 것으로 예상하므로 은철이는 경복궁에 3 번째로 일찍 도착했다.

② (나) 와 (라) 에 의해 승욱, 현석, 일호 세 명은 승욱 – 현석 – 일호 순으로 경복궁에 도착했다.

③ (다) 와 (마) 에 의해 명구, 승욱 , 현석, 일호, 현택이는 명구 – 승욱 – 현석 – 일호 – 현택 순으로 경복궁에 도착했다.

따라서 6 명은 명구 – 승욱 – 은철 – 현석 – 일호 – 현택 순으로 경복궁에 도착했다. 따라서 각자가 선택한 이동방법은 명구 – 자전거, 은철 : 간선버스, 현석 : 마을버스, 일호 : 지하철 , 승욱이 : 택시, 현택 : 걷기 이다.

문항 분석 및 평가표

→ 문항 분석 : 글을 읽고, 글의 내용과 어울리는 제목을 다양하게 지어보자.

→ 평가표 :

제목이 내용과 어울리지 않거나 이유가 타당하지 않음	0점
제목이 내용과 어울리고 이유가 타당함	4점

출제자 예시 답안

→ 제목 : 부인과 보석 반지, 보석 반지는 어디로 갔을까?, 오븐 속의 반지, 부인의 거짓말 등등

이유 : 이야기의 주인공은 부인이다. 부인이 보석 반지를 잃어버렸다가 친구의 편지를 받고 자신의 거짓말이 들통났음을 알게 되는 것이 글의 내용이다. 따라서 이야기에서 자주 등장하는 보석 반지와 주인공인 부인을 사용하여 제목을 정할 수 있다.

이 외에도 글에는 부인, 거짓말, 반지, 오븐, 편지 등이 자주 등장하므로 이들을 조합해서 제목을 지을 수 있다. 보석 반지는 어디로 갔을까?, 오븐 속의 반지, 부인의 거짓말, 반지와 편지 등이 제목이 될 수 있다.

문항 분석 및 평가표

→ 문항 분석 : 이야기를 읽고, 어떤 상황인지 추측해 보자.

→ 평가표 :

정답 틀림	0점
정답 맞음	5점

정답 및 해설

→ 정답 : 라 – 나 – 다 – 마 – 가

→ 해설 : 가와 마는 잃어버린 무언가를 찾고 있으므로 문맥상 다의 뒤에 오는 것이 맞다. 라의 내용을 통해 집과 마트 사이에는 세탁소가 있음을 알 수 있고, 집으로 가는 길에는 세탁소를 지나가야 하므로 다의 뒤에 마, 마의 뒤에 가가 오는 것이 자연스럽다. 라는 다의 앞 또는 가의 뒤에 올 수 있지만, 잃어버린 돈을 찾다가 갑자기 TV 를 보는 것은 문맥상 자연스럽지 못하다. 따라서 라는 다의 앞에 온다. 나는 세탁소의 상황으로 라와 다 사이, 마와 가 사이에 들어올 수 있다. 그러나 아직 지갑을 찾지 못한 상태에서 '별일이 없다' 고 말할 수 없으며, 가에서 상상이가 한참 동안 놀았던 것으로 보아 나는 라와 다 사이에 들어가는 것이 자연스럽다. 이를 그림으로 나타내면 아래와 같다.

집	← 가	세탁소	← 마	마트
라		나		다

문항 분석 및 평가표

⟶ 문항 분석 : 자음과 모음의 개수를 통해 낱말이 무엇인지 추측해 보자.

⟶ 평가표 :

정답 틀림	0점
정답 맞음	5점

정답 및 해설

⟶ 정답 : 포르투갈

⟶ 해설 : 모음의 개수는 4 개이므로 구하려는 낱말의 글자 수는 네 개이다. 또한 자음의 개수는 5 개이므로 받침이 들어가는 글자의 개수는 하나이고 나머지 세 글자는 모두 받침이 없다. 이를 고려하여 자음과 모음을 조합해보면 구하려는 나라의 낱말이 포르투갈임을 알 수 있다.

문항 분석 및 평가표

⟶ 문항 분석 : 조건을 통해 학생들이 두었을 돌의 색깔과 순서를 알아보자.

⟶ 평가표 :

정답 틀림	0점
정답 맞음	6점

정답 및 해설

⟶ 정답 : 학생 3 (흰색) → 학생 4 (흰색) → 학생 1 (검은 색) → 학생 5 (검은 색) → 학생 2 (검은 색) → 학생 6 (검은 색)

⟶ 해설 : (마) 을 통해 검은 돌은 4 개 이상임을 알 수 있다. 그러나 검은 돌은 최대 4 개까지 둘 수 있으므로 6 명의 학생들은 총 검은 돌은 4 개와 흰 돌 2 개를 두었다. (나) 를 통해 흰 돌의 개수가 검은 돌의 개수보다 많을 때가 있었음을 알 수 있다. 따라서 그러한 경우의 순서를 모두 나열하면 아래 그림과 같다.

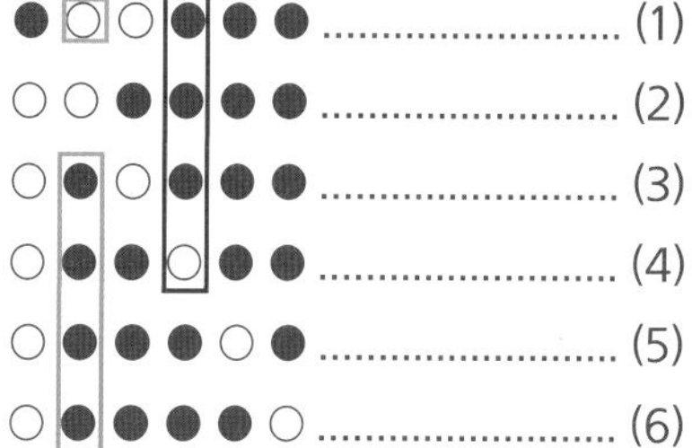

또한 (라) 에서 검은 돌을 두자 흰 돌과 검은 돌의 개수가 같아졌고, 서로 다른 색의 돌의 개수가 같아진 것은 딱 한 번이므로 이에 해당하는 것은 (2), (5), (6) 이다.

그러나 (5), (6) 의 순서인 경우 각각 5 번째, 6 번째 사람은 검은 돌을 두었으므로 (바) 에 모순이다. 따라서 (2) 의 순서로 바둑돌을 두었다.

(2) 의 순서인 경우

ⅰ) (나) 와 (다) 에 의해 학생 3 이 학생 4 보다 먼저 방에 들어갔고 두 사람이 둔 돌의 색은 같으므로 각각 첫 번째와 두 번째에 방에 들어갔다.

ⅱ) (가) 에 의해 학생 1 은 앞의 사람과 돌의 색깔이 다르므로 세 번째에 들어갔다.

ⅲ) (라) 에 의해 흰 돌과 검은 돌의 갯수가 처음으로 같아지는 것은 4 번째이므로 학생 5 는 네 번째로 방에 들어갔다.

ⅳ) (마)에 의해 검은 돌은 6 번째에 4 개가 되므로 학생 6 이 6 번째로 방에 들어갔음을 알 수 있으므로 학생 2 는 다섯 번째에 방에 들어가 검은 돌을 두었음을 알 수 있다.

○	○	●	●	●	●
학생 3	학생 4	학생 1	학생 5	학생 2	학생 6

문항 분석 및 평가표

⟶ 문항 분석 : 조건을 고려하여 최우수상과 인기상을 받은 학생이 누구인지 알아보자.

⟶ 평가표 :

정답 틀림	0점
정답 맞음	5점

정답 및 해설

⟶ 정답 : 최우수상 : 학생 A , 인기상 : 학생 F

⟶ 해설 : 학생 D 의 앞에 우수상을 받은 학생이 있다. 그런데 우수상을 받은 사람들 사이에는 두 명이 있어야 하므로 학생 A 가 우수상을 받았을 경우 학생 D 가 우수상을 받게 되므로 모순이다. 따라서 우수상을 받은 사람은 학생 B 또는 학생 C 이다.

① 학생 B 가 우수상일 경우

학생 B 가 우수상일 경우 학생 E 는 우수상이다. 학생 C 가 최우수상일 경우 학생 A 는 참가상이 되며 조건 4 에 의해 학생 E 는 참가상이 되므로 모순이다. 따라서 학생 A 는 최우수상이고, 학생 C 는 참가상을 받았다. 그러면 조건 4 에 의해 학생 G 는 참가상을 받았고, 학생 F 는 인기상을 받았다.

② 학생 C 가 우수상일 경우

학생 C 가 우수상일 경우 학생 F 는 우수상을 받는다. 학생 A 가 최우수상일 경우 학생 B 는 참가상을 받게 되고, 조건 4 에 의해 학생 F 가 참가상을 받으므로 모순이다. 학생 B 가 최우수상일 경우 학생 A 는 참가상을 받게 되고 조건 4 에 의해 학생 E 는 참가상을 받는다. 그러나 이는 조건 2 에 모순이다. 따라서 학생 C 는 우수상을 받지 않았다.

문항 분석 및 평가표

⟶ 문항 분석 : 조건을 고려하여 강아지를 좋아하는 학생이 누구인지 알아보자.

⟶ 평가표 :

정답 틀림	0점
정답 맞음	6점

정답 및 해설

⟶ 정답 : 수진

⟶ 해설 : (가) 와 (마),에 의해 수영이와 마주 보고 앉아 있는 사람은 수진이고, (다)에 의해 준영이와 수영이가 좋아하는 동물은 기린과 사자이다. 또한 (라), (나), (바) 에 의해 수진이가 좋아하는 동물은 토끼, 사자, 고양이, 기린, 호랑이가 아니다. 6 명의 학생들은 서로 다른 동물을 좋아하므로 강아지를 좋아하는 사람은 수진이다.

점수에 따른 성취도 등급

등급	1등급	2등급	3등급	4등급	5등급	총점
평가	40 점 이상	30 점 이상 ~ 39 점 이하	20 점 이상 ~ 29 점 이하	10 점 이상 ~ 19 점 이하	9 점 이하	50 점

2 수리논리

· 총 20 문제입니다. 각 평가표에 있는 기준별로 배점을 했습니다. / 단원 말미에서 성취도 등급을 확인하세요.

문 01 P. 22

문항 분석 및 평가표

⟶ 문항 분석 : 나열된 수의 규칙을 찾아보고, 구하려는 수를 구해 보자.

⟶ 평가표 :

정답 틀림	0점
정답 맞음	5점

정답 및 해설

⟶ 정답 : 4

⟶ 해설 : 제시된 숫자들은 수가 커졌다 작아졌다를 반복하면서 점점 커지고 있다. 따라서 40 번째의 수는 4 이다

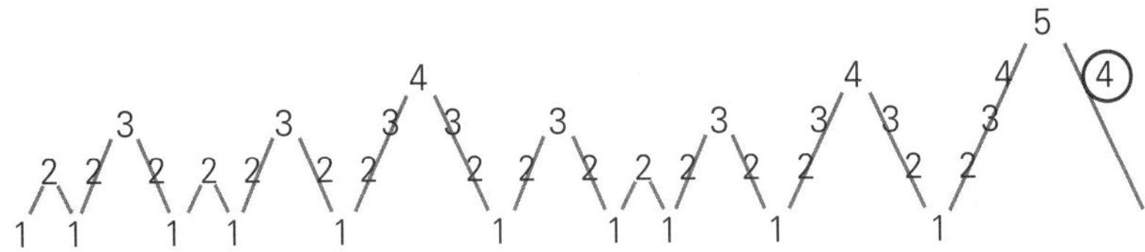

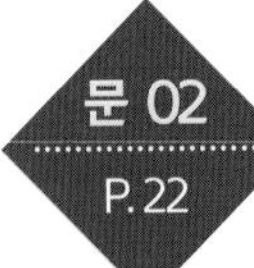

문 02 P. 22

문항 분석 및 평가표

⟶ 문항 분석 : 구슬의 개수가 같아진 순간부터 시작하여 처음 세 명이 가지고 있었을 구슬의 개수를 알아보자.

⟶ 평가표 :

정답 틀림	0점
정답 맞음	4점

정답 및 해설

⟶ 정답 : 무한 : 18 개, 상상 : 1 개, 알탐 : 5 개

⟶ 해설 : 세 명의 구슬의 총합이 24 이므로 구슬의 개수가 같아졌을 때 세 명은 각각 8 개의 구슬을 가지고 있다. 이제 사건을 거꾸로 올라가면서 처음 세 명이 가지고 있었던 구슬의 개수를 알아보자.

① 문제에 나타난 사건을 다시 되돌리려면 먼저 알탐이가 상상이에게 하나의 구슬을 준 후, 무한이와 상상이는 알탐이에게 2 개씩 구슬을 주어야 한다. 그럼 무한이, 상상이, 알탐이의 구슬의 개수는 각각 6, 7, 11 (개)이다.

② 무한이는 자신이 가지고 있던 구슬을 정확히 3 등분해서 나눠주었으므로 원래 무한이가 가지고 있던 구슬의 개수는 18 (개)이다고, 상상이와 무한이는 7 −6 = 1, 11 −6 = 4 (개)이다.
따라서 원래 무한이, 상상이, 알탐이가 가지고 있었던 구슬의 양은 각각 18, 1, 5 (개)이다.

문항 분석 및 평가표

⟶ 문항 분석 : 나타날 수 있는 경우를 나누어 보자.

⟶ 평가표 :

정답 틀림	0점
정답 맞음	6점

정답 및 해설

⟶ 정답 : (1) 알탐 − 무한 − 영재 − 상상
(2) 전체 케이크를 4 등분한 케이크 한 조각보다 무한이가 가지고 간 케이크의 양이 많다.

⟶ 해설 : (1) 무한이와 친구들이 케이크를 가져갈 수 있는 상황은 아래의 4 가지이다

<table>
<tr><td colspan="2" rowspan="2"></td><td colspan="2">영 재</td></tr>
<tr><td>무한이의 2 배</td><td>상상이의 2 배</td></tr>
<tr><td rowspan="2">알탐</td><td>무한이의 1.5 배</td><td>①</td><td>③</td></tr>
<tr><td>영재의 1.5 배</td><td>②</td><td>④</td></tr>
</table>

ⅰ) 알탐이와 영재가 케이크를 ① 의 상황처럼 가져간 경우
알탐이와 영재가 무한이보다 케이크를 많이 가져갔으므로 (다) 에 모순이다. 따라서 ① 의 상황은 나타날 수 없다.

ⅱ) 알탐이와 영재가 케이크를 ② 의 상황처럼 가져간 경우
알탐이와 영재가 무한이보다 케이크를 많이 가져갔으므로 (다) 에 모순이다. 따라서 ② 의 상황은 나타날 수 없다.

ⅲ) 알탐이와 영재가 케이크를 ③ 의 상황처럼 가져간 경우
알탐이는 무한이 보다 케이크를 많이 가지고 갔으므로 (다) 에 의해 알탐이와 무한이가 각각 1, 2 번째로 케이크를 많이 가지고 갔다. 또한 영재는 상상이 보다 케이크를 많이 가지고 갔으므로 케이크를 많이 가지고 간 순서로 이들을 나열하면 알탐 − 무한 − 영재 − 상상 이다.

ⅳ) 알탐이와 영재가 케이크를 ④ 의 상황처럼 가져간 경우
무한이는 두 번째로 케이크를 많이 가져갔고, 알탐이는 상상이의 3 배의 양을 가져갔으므로 케이크를 많이 가지고 간 순서로 이들을 나열하면 알탐 − 무한 − 영재 − 상상 이다.

따라서 케이크를 많이 가지고 간 순서로 이들을 나열하면 알탐 − 무한 − 영재 − 상상 이다.

(2) 상상이와 무한이가 가지고 간 케이크의 양을 각각 A, B 라 두고, ③, ④ 의 경우일 때 각 친구들이 가지고 간 케이크의 양을 비교해 보자.

ⅰ) 알탐이와 영재가 케이크를 ③ 의 상황처럼 가져간 경우

케이크를 많이 가지고 간 학생부터 순서대로 나열하면 알탐 – 무한 – 영재 – 상상이며 이들이 가지고 간 케이크의 양은 각각 1.5B, B, 2A , A 이다. 그러면 $B > 2A$ 이고, $A < 0.5B$ 이다. 케이크의 전체 양은 $1.5B + B + 2A + A = 2.5B + 3A$ 이고, $A < 0.5B$ 이므로 $2.5B + 3A < 2.5B + 1.5B = 4B$ 이다. 즉 $2.5B + 3A < 4B$ 이다. 무한이가 가지고 간 케이크의 양의 4 배보다 전체 케이크의 양이 적으므로 무한이가 가져간 케이크의 양은 전체 케이크를 4 등분한 케이크 한 조각보다 양이 많다.

ⅱ) 알탐이와 영재가 케이크를 ④ 의 상황처럼 가져간 경우

케이크를 많이 가지고 간 학생부터 순서대로 나열하면 알탐 – 무한 – 영재 – 상상이며 이들이 가지고 간 케이크의 양은 각각 3A, B, 2A , A 이다. 그러면 $B > 2A$ 이고, $A < 0.5B$ 이다. 케이크의 전체 양은 $3A + B + 2A + A = B + 6A$ 이고, $A < 0.5B$ 이므로 $B + 6A < B + 3B = 4B$ 이다. 즉 $B + 6A < 4B$ 이다. 무한이가 가지고 간 케이크의 양의 4 배보다 전체 케이크의 양이 적으므로 무한이가 가져간 케이크의 양은 전체 케이크를 4 등분한 케이크 한 조각보다 양이 많다.

따라서 무한이가 가져간 케이크의 양은 전체 케이크를 4 등분한 케이크 한 조각보다 양이 많다.

문항 분석 및 평가표

문항 분석 : 상체운동과 하체운동의 주기를 알아보자.

⟶ 평가표 :

정답 틀림	0점
정답 맞음	5점

정답 및 해설

⟶ 정답 : 2024 년 1 월

⟶ 해설 : ① 윗몸 일으키기, 팔굽혀펴기, 철봉, 아령 들기를 각각 A, B, C, D 라 하자. 그러면 각 달에 3 번씩 하는 상체운동을 달별로 나타냈을 때 아래와 같이 나타나며 20 달의 주기를 갖는다.

AAA AAB BBB BCC CCC
DDD DDA AAA ABB BBB
CCC CCD DDD DAA AAA
BBB BBC CCC CDD DDD

② 앉았다 일어나기, 언덕 오르기, 모래주머니 차고 운동장 돌기를 각각 E, F, G 라 하자. 그러면 갈 달에 두 번씩 하는 하체운동을 달별로 나타냈을 때 아래와 같이 나타나면 15 달의 주기를 갖는다.

EE EE EF FF FF
GG GG GE EE EE
FF FF FG GG GG

20 과 15 의 최소 공배수는 60 이므로 상체운동과 하체운동은 60 달을 주기로 같은 운동을 반복한다. 따라서 다시 처음의 운동이 나타나는 것은 2019 년 1 월에 5 년 뒤인 2024 년 1 월이다.

문 05
P. 25

문항 분석 및 평가표

⟶ 문항 분석 :부등호를 생각하며 1 ~ 4 의 숫자들을 채워보자.

⟶ 평가표 :

정답 틀림	0점
정답 맞음	4점

정답 및 해설

⟶ 정답 :

4	3	1	2
1	2	3	4
3	4	2	1
2	1	4	3

4	3	2	1
1	2	3	4
3	4	1	2
2	1	4	3

4	3	2	1
3	2	1	4
1	4	3	1
2	1	4	3

문항 분석 및 평가표

⟶ 문항 분석 : 건물 (가) 의 십의 자리 수를 A, 일의 자리 숫자를 B, 건물 (나) 의 십의 자리 수를 C, 일의 자리 숫자를 D 라 두고, 조건에 맞게 식을 세워보자.

⟶ 평가표 :

정답 틀림	0점
정답 맞음	6점

정답 및 해설

⟶ 정답 : 건물 (가) : 74 층, 건물 (나) : 25 층

⟶ 해설 : 건물 (가) 의 십의 자릿수를 A, 일의 자리 숫자를 B 라 두고, 건물 (나) 의 십의 자리 수를 C, 일의 자리 숫자를 D 라 두자. 그러면 건물 (가) 의 층수는 10A + B, 건물 (나) 의 층수는 10C + D 라둘 수 있다. ③ 조건에 의해 10B + A =10D + C − 5 이다. ② 에 의해 C < 5 이므로 십의 자릿수와 일의 자릿수를 비교하면 B = D − 1, A = C + 5 이다. .... (1)

④ 조건에 의해 2 × (10D +C − 15) = 10 ×(2D − 3) + 2C = 10A +B 이고 십의 자릿수와 일의 자릿수를 비교하면 A = 2D − 3 이고, B = 2C 이다. .... (2)

(2) 의 값을 (1) 에 대입하면 A = 2D − 3 = C + 5 이고, B = 2C = D − 1 이므로 D = 2C + 1 이고,

4C + 2 − 3 = C +5 이므로 3C = 6 이 되어 C = 2 이다. 따라서 D = 5 이고, 이를 (1) 에 대입하면

A =7, B= 4 이다. 따라서 건물 (가) 는 74 층, 건물 (나) 는 25 층이다.

문 07
P. 27

문항 분석 및 평가표

⟶ 문항 분석 : 주어진 <판 A> 에서 규칙을 찾고 이를 연장하여 <판 B> 의 칸을 색칠해 보자.

⟶ 평가표 :

정답 틀림	0점
정답 맞음	5점

정답 및 해설

⟶ 정답 :

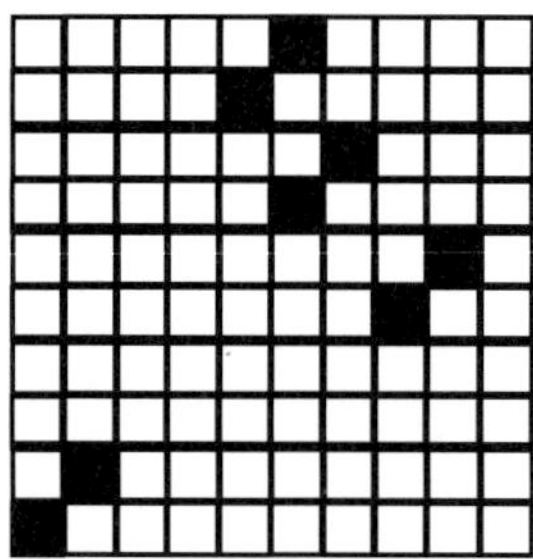

⟶ 해설 : 무한이는 ▗▘ 의 모양을 아래와 같이 사이 간격이 점점 늘어나게 붙였다. 따라서 이 규칙을 적용하면 위와 같은 그림을 얻을 수 있다.

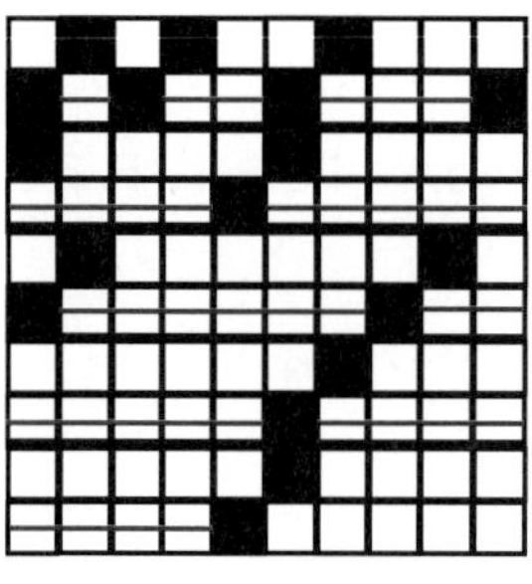

〈판 A〉

문항 분석 및 평가표

⟶ 문항 분석 : 그림에 적혀있는 숫자들 사이의 관계를 보고, 빈칸에 알맞은 수를 써보자.

⟶ 평가표 :

정답 틀림	0점
정답 맞음	5점

정답 및 해설

⟶ 정답 :

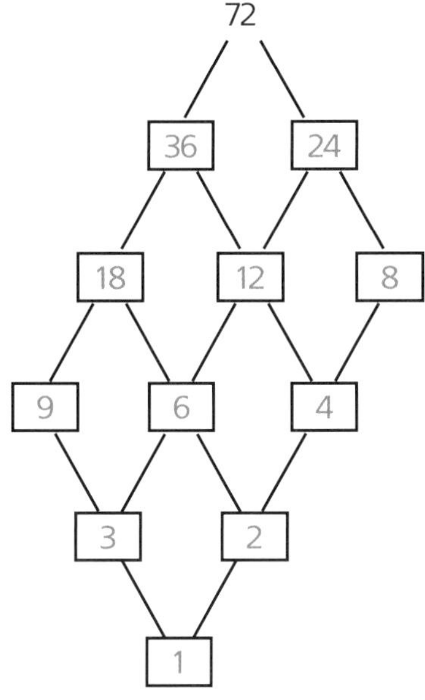

⟶ 해설 : 그림에 적혀있는 수를 2 로 나눈 값이 그 수의 왼쪽 아래에 써지고, 그림에 적혀있는 수를 3 으로 나눈 값이 그 수의 오른쪽 아래에 써진다. 이 규칙을 이용하여 수를 채우면 위의 그림과 같다.

문항 분석 및 평가표

⟶ 문항 분석 : <보기> 의 성냥개비에서 성냥개비 2 개를 이동했을 때, 나타날 수 있는 부호는 어떤 것이 있을지 살펴보고 경우의 수를 나눠보자.

⟶ 평가표 :

정답 틀림	0점
정답 맞음	5점

정답 및 해설

⟶ 정답 :

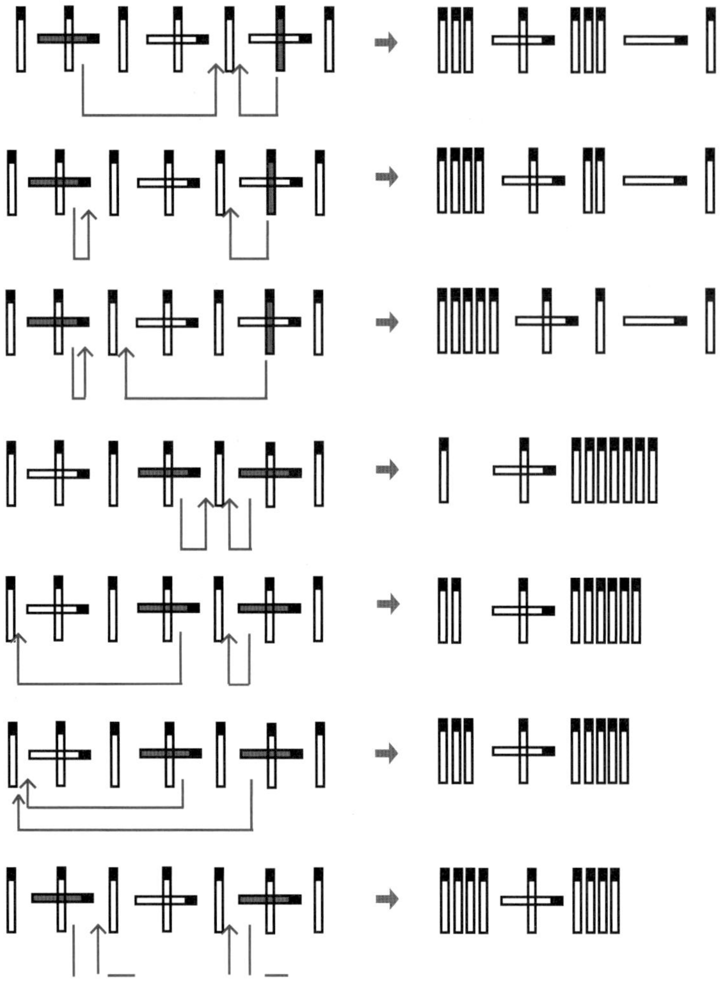

문 10
P.30

문항 분석 및 평가표

⟶ 문항 분석 : ●, ▲, ◎ 를 각각 A, B, C 라 두고, 그림의 상황을 왼쪽의 그림부터 식으로 나타내 보자.

⟶ 평가표 :

정답 틀림	0점
정답 맞음	5점

정답 및 해설

⟶ 정답 : 45

⟶ 해설 : ●, ▲, ◎ 를 각각 A, B, C 라 두고, 그림의 상황을 왼쪽의 그림부터 식으로 나타내면

$$21A + B = 59 \quad \cdots\cdots (1)$$
$$3C + A = 20 \quad \cdots\cdots (2)$$
$$11A + 2B = 56 \quad \cdots\cdots (3)$$

이다. 위의 식 (1), (2), (3) 의 좌변과 우변을 각각 더하면 $33A + 3B + 3C = 145$ 이고, 양변을 3으로 나누면 $11A + B + C = 45$ 이다. 이는 (가) 의 값이므로 (가) 의 값은 45 이다.

문 11 P. 31

문항 분석 및 평가표

⟶ 문항 분석 : 각 기호들안의 알파벳과 숫자 사이에는 어떤 관계가 있을지 알아보자.

⟶ 평가표 :

정답 틀림	0점
정답 맞음	5점

정답 및 해설

⟶ 정답 : ○ B B D

⟶ 해설 : ○ 와 ○ 사이에는 하나의 숫자가 들어가고 알파벳이 그 숫자를 뜻한다고 생각해보자. 그러면 A =1, B = 2, C = 3, BB = 4, D = 5, BC = 6 이다. 그런데 6 = 2 × 3 이므로 ○ 와 ○ 사이에 여러 알파벳이 있는 경우 그 안의 숫자는 각 알파벳이 해당하는 수의 곱임을 알 수 있다. 또한 5 = D, 7 = E, 11 = F 등으로 볼 때, 새로운 소수가 나타날 때마다 새로운 알파벳이 나타남을 알 수 있다. 따라서 I = 19 이고 이 다음에는 20 이 나타나야 한다. 20 은 B B D 로 표현 가능하므로 빈칸에는 ○ B B D 가 들어간다.

문 12 P. 31

문항 분석 및 평가표

⟶ 문항 분석 : 1 부터 9 까지의 숫자의 합은 45 이다. 주어진 조건을 이용하여 알맞은 숫자를 써보자.

⟶ 평가표 :

정답 틀림	0점
정답 맞음	6점

정답 및 해설

⟶ 정답 : 6 4 8 3 5 1 9 2 7

⟶ 해설 : 조건 (나) 를 먼저 생각해보자. 1 부터 9 까지 숫자의 합은 45 이며 4 와 7 사이에 있는 숫자들과 4, 7 을 더하면 39 이므로 4 와 7 바깥에 있는 숫자의 합 4 와 7 을 제외하고 6 이다. 그러한 숫자는 6 또는 1, 5 또는 2, 4 인데, 조건 (다) 에 의해 5 는 4 와 7 사이에 들어가고, 4 는 4 와 7 바깥에 있지 않으므로 4 와 7 바깥에 있는 숫자는 6 임을 알 수 있다. 조건 (라) 에 의해 6 은 4 의 옆에 위치한다. 또한 조건 (나), (다) 에 의해 4 와 5 사이의 숫자의 합은 11 이고 5와 7 사이의 숫자의 합은 12 이다. 조건 (가) 에 의해 합이 11 이 되는 숫자는 8, 3 이고, 합이 12 가 되는 숫자는 1, 2, 9 이다. 조건 (가), (라), (마) 를 고려하여 숫자를 배치하면 6 4 8 3 5 1 9 2 7 임을 알 수 있다.

문 13 P.32

문항 분석 및 평가표

⟶ 문항 분석 : 72 의 배수이면 8 의 배수이면서 9 의 배수이어야 한다.

⟶ 평가표 :

정답 틀림	0점
정답 맞음	4점

정답 및 해설

⟶ 정답 : A : 5, B : 2

⟶ 해설 : 주어진 수 A407B 가 72 의 배수가 되려면 8 의 배수이면서 9 의 배수여야 한다. 그러므로 백의 자리 이하의 수 07B 가 8 의 배수이어야 하고 (8 의 배수의 성질), 각 자리 숫자의 합이 9 의 배수이어야 한다.(9의 배수의 성질) 먼저 07B 가 8 의 배수가 되어야 하므로 B =2 이다. 또한 각 자리 숫자의 합이 9 의 배수가 되려면 A + 4 + 0 + 7 + 2 = A + 13 이 9 의 배수가 되어야 한다. A 값은 한 자릿수 이므로 A 의 값은 5 이다. 그러므로 A407B 가 72 의 배수가 되기 위한 A, B 의 값은 각각 5 와 2 이다.

문 14 P.32

문항 분석 및 평가표

⟶ 문항 분석 : 나타날 수 있는 백의 자리 수를 나누어 보자.

⟶ 평가표 :

정답 틀림	0점
정답 맞음	4점

정답 및 해설

⟶ 정답 : 10 개

⟶ 해설 : ① 1 부터 99 까지의 숫자

100 = 10 × 10 이므로 1 부터 99 까지의 숫자 중 각 자리 숫자의 곱이 100 을 넘는 숫자는 없다.

② 100 부터 199 까지의 숫자

백의 자리 숫자는 1 이고, 1 은 다른 수와 곱해도 크기가 그대로이므로 ① 에서와 마찬가지로 각 자리 숫자의 곱이 100 을 넘는 숫자는 없다.

③ 200 부터 299 까지의 숫자

ⅰ) 십의 자리 숫자가 9 인 경우

일의 자릿수를 □ 라하면 29□ 라 할 수 있다.

그러면 각 자릿수의 곱은 18 × □ 이다. 18 × □ 가 100 을 넘기 위해서 □ 는 6 이상의 자연수여야 한다. 따라서 그러한 숫자는 299, 289, 297, 296 이다.

ⅱ) 십의 자리 숫자가 8 인 경우

일의 자리수를 □ 라하면 28□ 라 할 수 있다.

그러면 각 자릿수의 곱은 16 × □ 이다. 16 × □ 가 100 을 넘기 위해서 □ 는 7 이상의 자연수여야 한다. 따라서 그러한 숫자는 289, 288, 287 이다.

iii) 십의 자리 숫자가 7 인 경우

일의 자릿수를 □ 라하면 27□ 라 할 수 있다.

그러면 각 자릿수의 곱은 14 × □ 이다. 14 × □ 가 100 을 넘기 위해서 □ 는 7 이상의 자연수여야 한다. 따라서 그러한 숫자는 279, 278 이다.

iv) 십의 자리 숫자가 6 인 경우

일의 자릿수를 □ 라하면 26□ 라 할 수 있다.

그러면 각 자릿수의 곱은 12 × □ 이다. 12 × □ 가 100 을 넘기 위해서 □ 는 9 이상의 자연수여야 한다. 따라서 그러한 숫자는 269 이며 십의 자리 숫자가 5 이하인 경우에 조건을 만족하는 숫자는 없다.

따라서 300 보다 작은 자연수 중에서 각 자리의 곱이 100 보다 큰 수는 10 개이다.

문항 분석 및 평가표

⟶ 문항 분석 : 215 = 32 × 6 + 23 이다.

⟶ 평가표 :

정답 틀림	0점
정답 맞음	5점

⟶

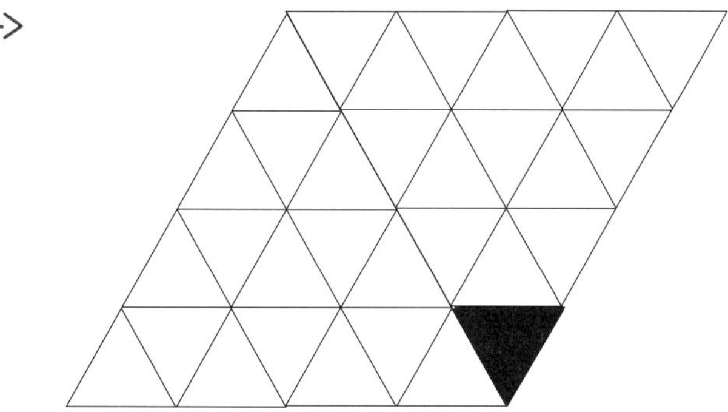

⟶ 해설 : 215 = 32 × 6 + 23 이므로 위의 그림 6 개에 32 × 6 = 192 까지의 숫자가 적힌다. 그 후 그림에 적힌 순서대로 숫자가 적히므로 위에 표시된 위치에 215 가 적힌다.

문 16
P. 34

문항 분석 및 평가표

⟶ 문항 분석 : 어떤 숫자에 * 를 적용하면 그 숫자를 3 으로 나눠서 생기는 몫과 나머지를 더한 값이 나타남을 알 수 있다.

⟶ 평가표 :

정답 틀림	0점
정답 맞음	5점

정답 및 해설

⟶ 정답 : 86

⟶ 해설 : 어떤 숫자 뒤에 * 를 적용하면 그 숫자를 3 으로 나눠서 생기는 몫과 나머지를 더한 값이 나타남을 알 수 있다. 따라서 256 에 * 를 적용하면 85 + 1 = 86 의 값이 나타남을 알 수 있다.

문 17
P. 35

문항 분석 및 평가표

⟶ 문항 분석 : 100 이 위치하는 줄은 어디일지 생각해 보자.

⟶ 평가표 :

정답 틀림	0점
정답 맞음	5점

정답 및 해설

⟶ 정답 : 121

⟶ 해설 : 100 이 위치하는 줄은 어디일지 생각해 보자. 줄의 가장 오른쪽의 수를 나열해보면 2, 6, 12, 20 ... 이다. 한 줄에는 2, 4, 6, 8, 10 .... 의 숫자가 있으므로 가장 오른쪽 수는 4, 6, 8, 10 ...씩 증가하고 있음을 알 수 있다. 따라서 2, 6, 12, 20 다음의 수는 30, 42, 56, 72, 90, 110 ...이다. 따라서 91 부터 수를 나열해 보면 100 의 바로 밑에 있는 수는 121 임을 알 수 있다.

	91	92	93	94	95	96	97	98	99	100	...	110	
111	112	113	114	115	116	117	118	119	120	121	...		131

문 18
P. 35

문항 분석 및 평가표

⟶ 문항 분석 : 숫자 7 네 개와 기호로 나타날 수 있는 숫자들을 알아보자.

⟶ 평가표 :

정답 틀림	0점
정답 맞음	5점

정답 및 해설

⟶ 정답 : 28, 63, 91, 98, 105, 126, 147, 154

⟶ 해설 : $7+7+7+7=28$, $7+7+7\times7=63$, $77+7+7=91$, $7\times7+7\times7=98$
$7+(7+7)\times7=105$, $77+7\times7=126$, $(7+7+7)\times7=147$, $77+77=154$

문항 분석 및 평가표

⟶ 문항 분석 : 등산을 하는 날을 365 일 중의 일 수로만 생각하고, 10 씩 나열해 보자.

⟶ 평가표 :

정답 틀림	0점
정답 맞음	5점

정답 및 해설

⟶ 정답 : 2019 년 2 월 5 일

⟶ 해설 : 등산하는 날을 365 일 중의 일 수로만 생각하고, 10 씩 나열해 보면, 첫해에 등산을 하는 일수는 1, 11, 21, 31 … , 361 이고, $(361-1)\div10+1=37$ 이므로 첫해동안 총 37 번의 등산을 한다. $371-365=6$ 이므로 두 번째 해에서는 1 월 6 일부터 등산을 시작한다. 그러면 앞에서와 마찬가지로 두 번째 해에서 등산하는 일수는 6, 16, 26, 36 … , 356 이다. 41 번째는 36 이며 이는 1 월 6 일로부터 30 일 후 이다. 1 월은 31 일까지 있으므로 41 번째로 등산하는 날은 2 월 5 일이다. 따라서 41 번째로 등산하는 날은 2019 년 2 월 5 일이다.

문항 분석 및 평가표

⟶ 문항 분석 : 상황이 진행됨에 따라 각 바둑돌의 개수가 어떻게 변화하는지 알아보자.

⟶ 평가표 :

정답 틀림	0점
정답 맞음	6점

정답 및 해설

⟶ 정답 : (1) 40 (2) 1124

⟶ 해설 : (1) 첫 번째 상황에서 흰 돌의 개수는 7 이고, 두 번째, 세 번째 상황에서 흰 돌의 개수는 각각 10, 13 이다. 흰 돌의 개수는 대각선에서 한 개 가로와 세로에서 한 개씩 총 3 씩 증가하고 있음을 알 수 있다. 따라서 12 번째에서는 7 에 3 이 11 번 더해지므로 $7+3\times11=40$ (개) 의 흰 돌이 나타난다.

(2) 49 번째 상황에서 흰 돌의 개수는 7 에 3 이 48 번 더해지므로 7 + 3 × 48 = 151 (개) 이다. 한편, 첫 번째 상황에서 검은 돌은 3 이고 두 번째, 세 번째 상황을 통해 상황이 진행되면서 하나씩 큰 숫자가 더해지고 있음을 알 수 있다. 따라서 49 번째 상황에서 검은 돌의 개수는 1 + 2 + 3 + … + 50 = 1275 이다. 그러므로 검은 돌과 흰 돌의 개수의 차이는 1275 − 151 = 1124 이다.

점수에 따른 성취도 등급

등급	1등급	2등급	3등급	4등급	5등급	총점
평가	80 점 이상	60 점 이상 ~ 79 점 이하	40 점 이상 ~ 59 점 이하	20 점 이상 ~ 39 점 이하	19 점 이하	100 점

3 공간 / 도형 / 퍼즐

· 총 20 문제입니다. 각 평가표에 있는 기준별로 배점을 했습니다. / 단원 말미에서 성취도 등급을 확인하세요.

문항 분석 및 평가표

⟶ 문항 분석 : 36 칸의 작은 정사각형으로 이루어진 큰 정사각형을 4 조각으로 나눌 때, 한 조각은 9 개의 작은 정사각형으로 이루어져 있다.

⟶ 평가표 :

정답 틀림	0점
정답 맞음	5점

정답 및 해설

⟶ 정답 :

문항 분석 및 평가표

⟶ 문항 분석 : 겉넓이가 최대가 되려면 최대한 쌓기나무들이 붙지 않게 해야한다.

⟶ 평가표 :

정답 틀림	0점
정답 맞음	5점

정답 및 해설

⟶ 정답 : 55 cm^2

⟶ 해설 : 겉넓이가 최대가 되려면 최대한 쌓기 나무들이 붙지 않게 해야 한다. 쌓기 나무들을 일렬로 배치하고 최대한 따로 떨어뜨리면 겉넓이가 최대가 될 수 있는데 그렇게 배치한 쌓기 나무의 각 층을 위에서 바라본 모습은 다음과 같다.

<1 층> <2 층>

<3 층>

각 층의 겉넓이를 구해보면 1 층은 18 cm^2, 2 층은 17 cm^2, 3 층은 20 cm^2 임을 알 수 있다. 따라서 전체의 겉넓이는 55 cm^2 이다.

문항 분석 및 평가표

⟶ 문항 분석 : 주어진 조각들을 조합해보자.

⟶ 평가표 :

정답 틀림	0점
정답 맞음	6점

정답 및 해설

⟶ 정답 :

문항 분석 및 평가표

⟶ 문항 분석 : 주어진 조건을 보고 주어진 도형의 모습을 생각해 보자.

⟶ 평가표 :

정답 틀림	0점
정답 맞음	6점

정답 및 해설

⟶ 정답 :

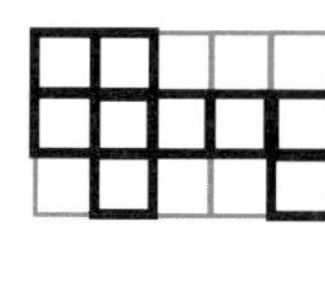

<앞>

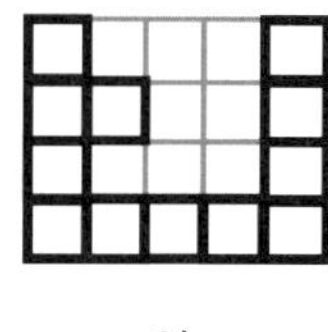

<위>

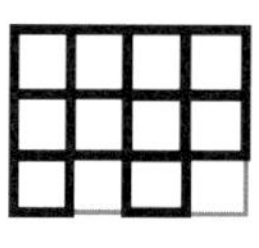

<오른쪽>

⟶ 해설 : 각 층의 앞 방향에서 본 사각형의 모습을 살펴보자. <1 층> 의 앞 방향에서 보면 2 개의 사각형이 보이고, <2 층> 의 앞 방향에서 보면 5 개의 사각형이 보인다. <3 층> 의 앞 방향에서 보면 2 개의 사각형이 보이므로 이의 위치를 고려하면 위와 같은 <앞> 의 모습을 얻을 수 있다. 같은 방법으로 각 층을 위, 오른쪽에서 보면 위와 같은 답을 얻을 수 있다.

문 05
P. 42

문항 분석 및 평가표

⟶ 문항 분석 : 나타날 수 있는 패턴들을 생각해 보자.

⟶ 평가표 :

정답 틀림	0점
정답 맞음	5점

정답 및 해설

⟶ 정답 : 76 개

⟶ 해설 : 나타날 수 있는 패턴의 경우의 수를 나누어 보자.

① 9개의 점들 중 일부를 사용하여 만든 패턴 중 아래의 모양은 9 개의 점에서 4 번씩 나타난다.

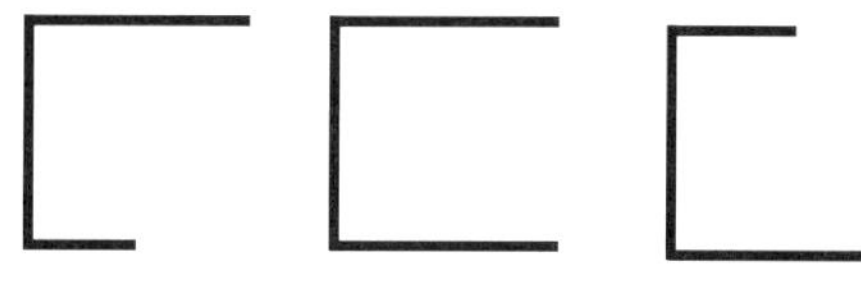

② 9개의 점들 중 일부를 사용하여 만든 패턴 중 아래의 모양은 9 개의 점에서 8 번씩 나타난다.

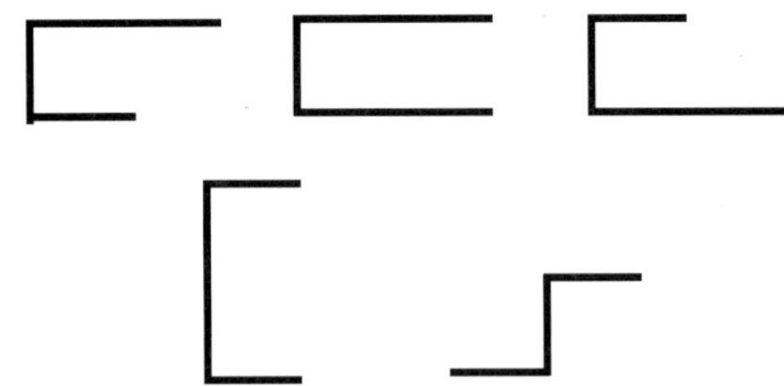

③ 9개의 점들 중 일부를 사용하여 만든 패턴 중 아래의 모양은 9 개의 점에서 16 번 나타난다.

따라서 전체 패턴의 경우의 수는 $4 \times 5 + 8 \times 5 + 16 \times 1 = 76$ (개) 이다.

문항 분석 및 평가표

—> 문항 분석 : 가로, 세로, 대각선끼리의 도형 간의 규칙을 살펴보자.

—> 평가표 :

정답 틀림	0점
정답 맞음	5점

정답 및 해설

—> 정답 :

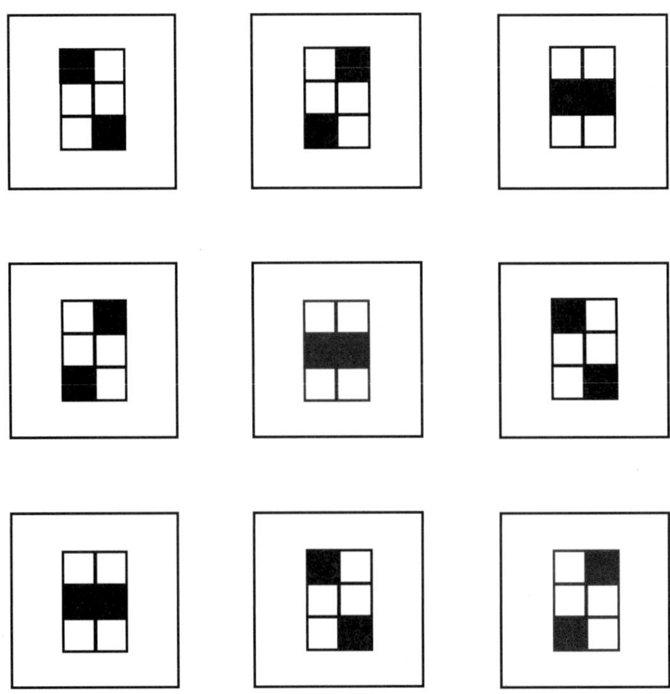

—> 해설 : 주어진 도형이 투명한 셀로판지에 검은색 매직을 칠한 것이라 생각해 보자. 그러면 가로 또는 세로의 한 직선 상에 있는 도형들을 모두 겹쳤을 때, 전체 셀로판지는 전부 검은색으로 칠해진 모습으로 보인다. 이를 토대로 빈칸의 모습을 추측할 수 있다.

문항 분석 및 평가표

—> 문항 분석 : 주사위의 각 면에는 어떤 도형들이 있을지 생각해 보자.

—> 평가표 :

정답 틀림	0점
정답 맞음	6점

정답 및 해설

—> 정답 :

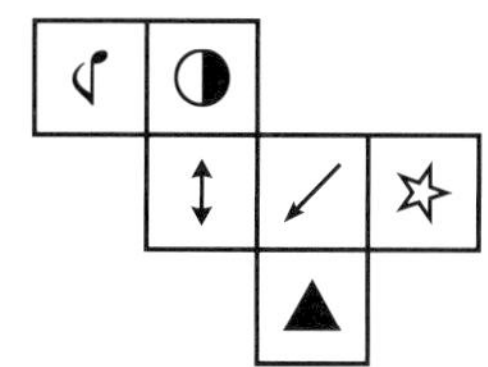

—> 해설 : 가장 왼쪽에 있는 주사위부터 각각 주사위 A, B, C 라고 하자. 먼저 주사위 A 와 C 를 생각해 보자. 두 정육면체 모두 ♪, ▼ 이 그려져 있으므로 ☆ 의 뒷편에는 ↕ 이 가로로 그려져 있음을 알 수 있다. 이를 그림으로 나타내면 다음과 같다.

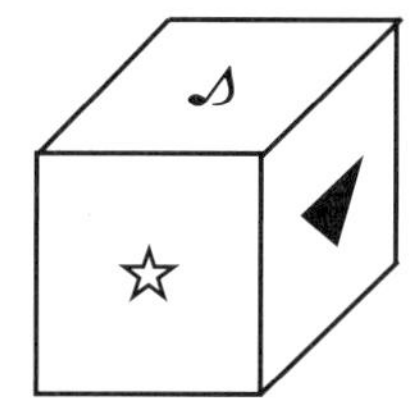

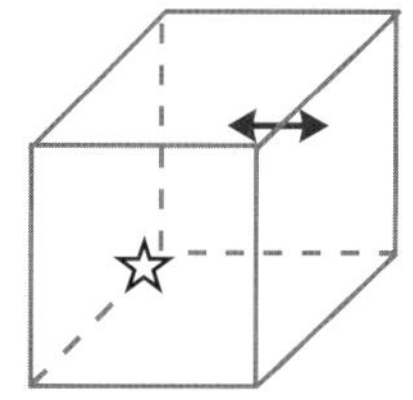

또한 주사위 B 와 C 에서 ↕ 의 양옆에는 ♪ 와 ↗ 있으므로 ♪ 뒤편에는 ↗ 이 그려져 있다는 것을 알 수 있다. 그러면 ▼ 의 뒤편에는 ◑ 가 그려져 있으며 이들의 방향을 고려하면 아래와 같이 기호들이 그려져 있음을 알 수 있다.

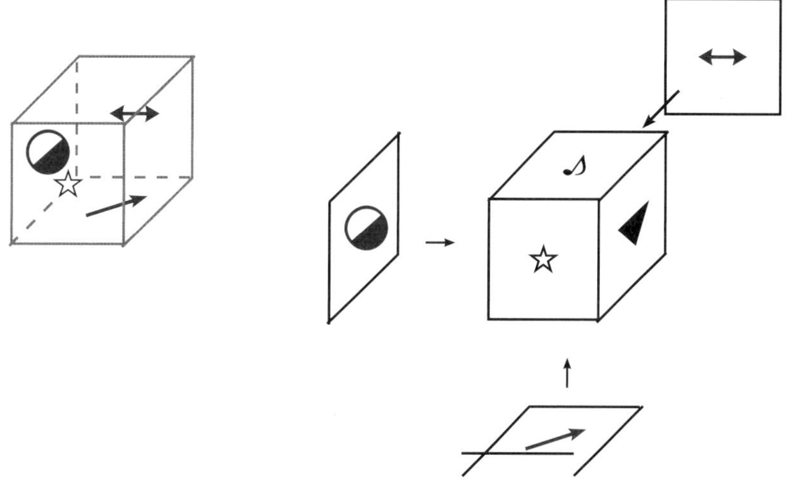

따라서 이들의 방향을 고려하여 주사위의 전개도를 작성하면 위의 정답과 같다.

문항 분석 및 평가표

⟶ 문항 분석 : 평행사변형을 여러 방법으로 나누어 보자.

⟶ 평가표 :

정답 틀림	0점
정답 맞음	5점

정답 및 해설

⟶ 정답 :

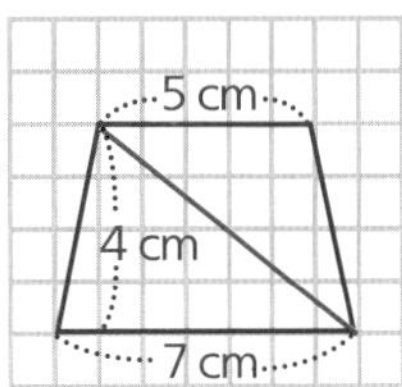

– 그림과 같이 선을 그어 삼각형 2 개를 만든다.

– 두 삼각형 각각의 넓이

: $5 \times 4 \div 2 = 10\ cm^2$, $7 \times 4 \div 2 =$,$14\ cm^2$

– 사다리꼴의 넓이는 두 삼각형의 합이므로 $24\ cm^2$ 이다.

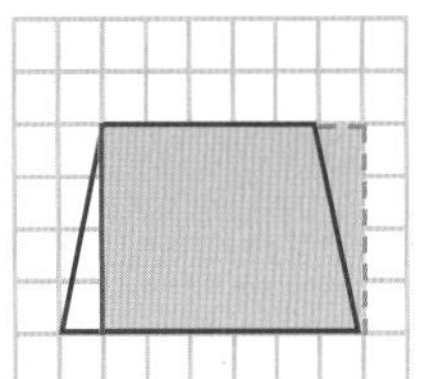

– 그림과 같이 선을 그어 만들어진 삼각형을 사다리꼴의 오른쪽에 붙여서 직사각형을 만든다.

– 직사각형의 넓이 : $6 \times 4 = 24\ cm^2$

– 사다리꼴의 넓이는 직사각형의 넓이와 같으므로 $24\ cm^2$ 이다.

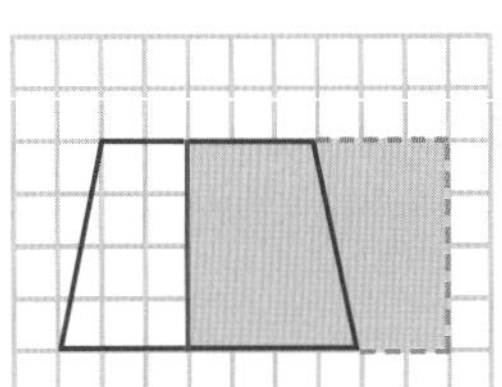

– 그림과 같이 선을 그어 만들어진 사다리꼴을 오른쪽에 붙여 직사각형을 만든다.

– 직사각형의 넓이 : $6 \times 4 = 24\ cm^2$

– 사다리꼴의 넓이는 직사각형의 넓이와 같으므로 $24\ cm^2$ 이다.

문항 분석 및 평가표

⟶ 문항 분석 : 자신이 사용한 색의 개수보다 더 적은 색으로 도형을 색칠할 수 있는지 검토해 보자.

⟶ 평가표 :

정답 틀림	0점
정답 맞음	4점

정답 및 해설

⟶ 정답 : 3 개

⟶ 해설 : 분홍색, 하늘색, 녹색으로 아래와 같이 색을 칠하면 3 개의 색깔로 각 면을 칠할 수 있다.

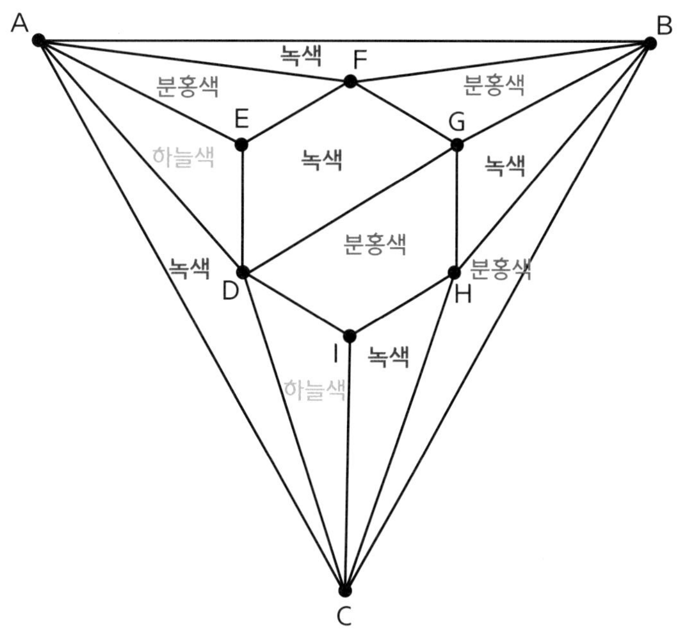

문 10
P. 47

문항 분석 및 평가표

⟶ 문항 분석 : 선분을 움직여가며 오직 6 개의 삼각형을 만드는 방법을 알아보자.

⟶ 평가표 :

정답 틀림	0점
정답 맞음	5점

출제자 예시 답안

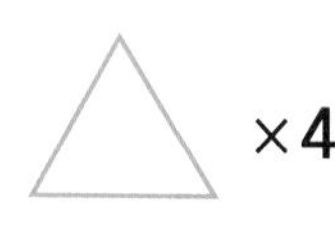

×4

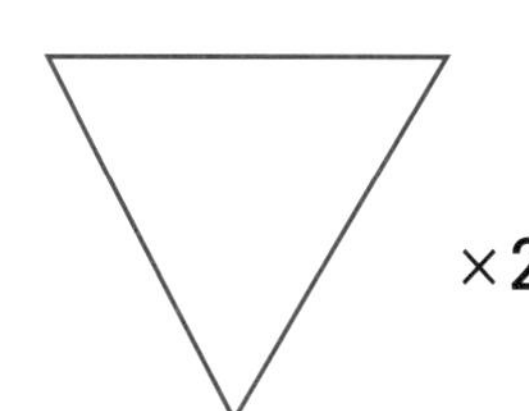

×2

×3

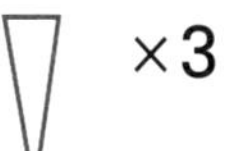

×3

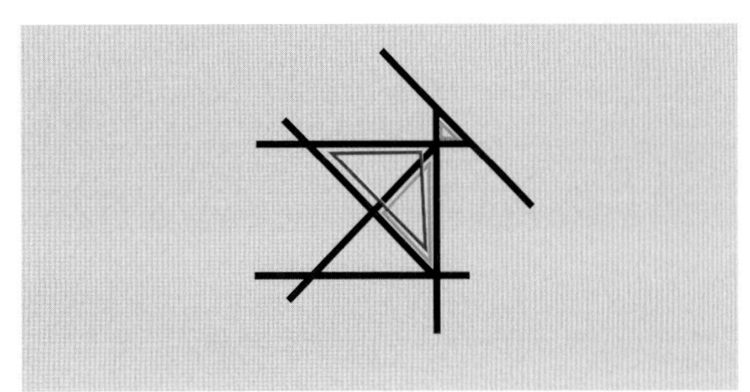

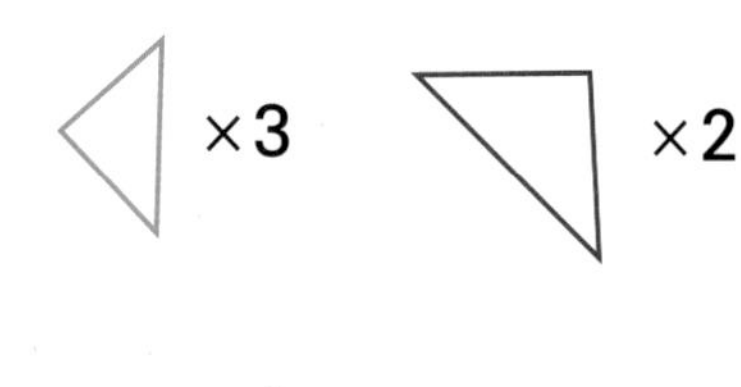

×1

문항 분석 및 평가표

⟶ 문항 분석 : 주어진 그림에서 격자 선을 따라 같은 색깔의 점을 연결해 보자.

⟶ 평가표 :

정답 틀림	0점
정답 맞음	5점

출제자 예시 답안

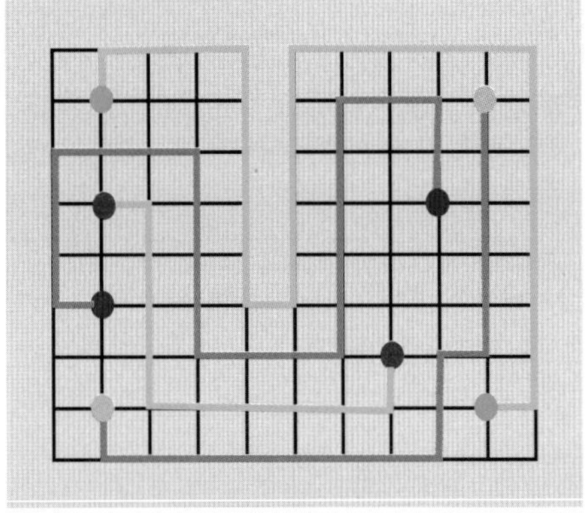

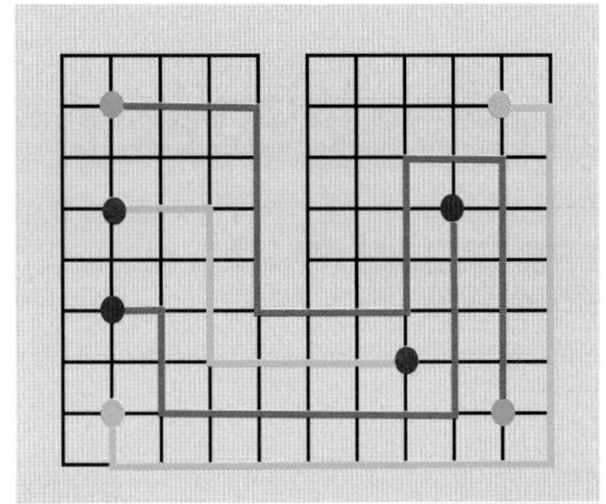

문항 분석 및 평가표

⟶ 문항 분석 : 과정을 거꾸로 올라가면서 잘려진 모양을 추측해 보자.

⟶ 평가표 :

정답 틀림	0점
정답 맞음	5점

정답 및 해설

⟶ 정답 :

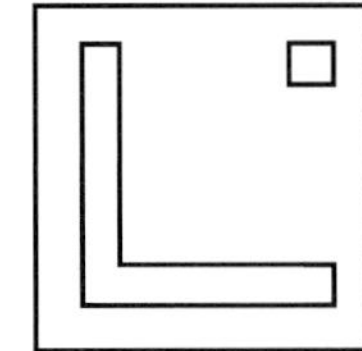

—> 해설 : 과정을 거꾸로 올라가면서 잘려진 모양을 알아보면 아래와 같다.

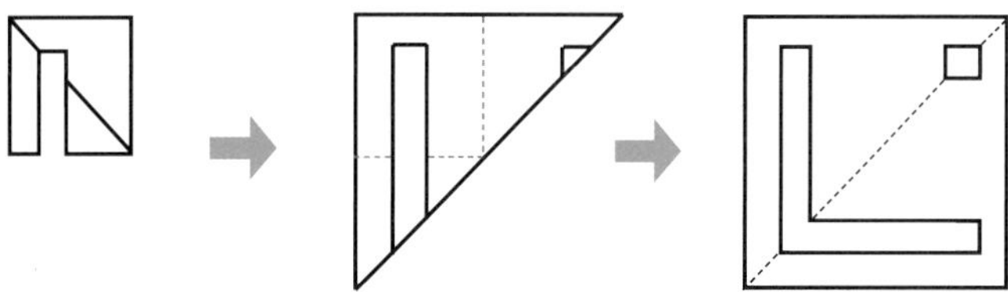

문항 분석 및 평가표

—> 문항 분석 : 주어진 도형이 한붓그리기 가능한지 살펴보자.

—> 평가표 :

정답 틀림	0점
정답 맞음	4점

정답 및 해설

—> 정답 : 자를 수 없다.

—> 해설 : 주어진 도형의 꼭짓점을 아래와 같이 나타내 보자.

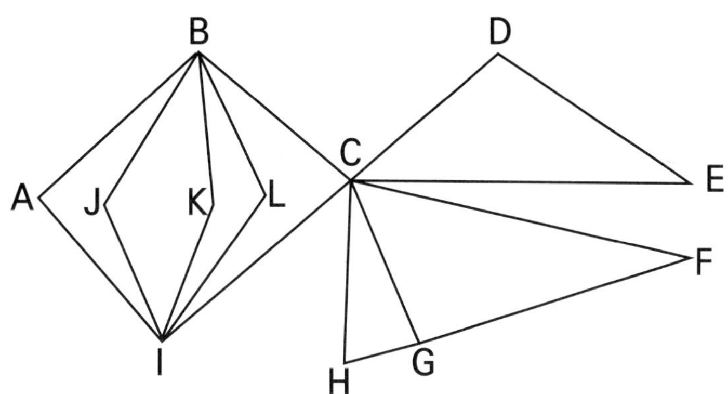

이 때, 꼭짓점 B 와 H 그리고 I, C, G 는 다른 꼭짓점과 연결된 길의 개수가 홀수이다. 다른 꼭짓점과 연결된 길의 갯수가 홀수인 꼭짓점이 5 개이므로 모든 변을 한번씩만 이동하면서 각 꼭짓점을 지날 수 없다. 따라서 한붓그리기 불가능하고, 절단기를 철판에서 떼지 않고 모든 조각을 한번에 잘라낼 수 없다.

문항 분석 및 평가표

⟶ 문항 분석 : 작은 원들이 큰 원과 접하고 다른 작은 원들끼리 서로 모두 겹칠 때 나누어지는 영역의 개수는 최대가 된다.

⟶ 평가표 :

정답 틀림	0점
정답 맞음	4점

정답 및 해설

⟶ 정답 : 26 개

⟶ 해설 : 큰 원과 접하고 다른 작은 원들과 모두 겹칠 때 나누어지는 영역의 개수는 최대가 된다. 이를 그려 나뉜 영역을 세어보면 아래의 그림과 같다.

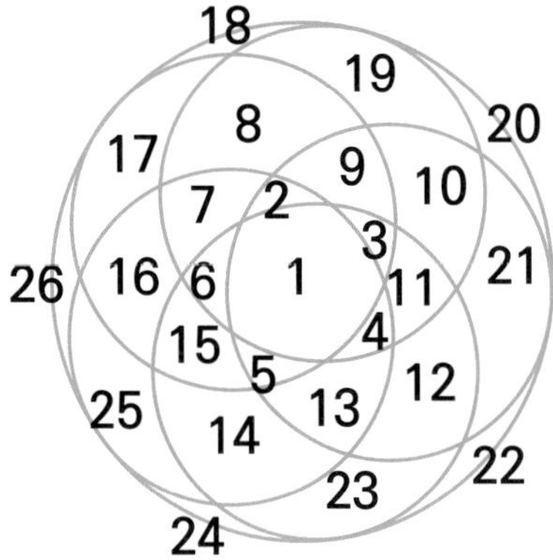

문 15
P.52

문항 분석 및 평가표

⟶ 문항 분석 : 붙어있는 두 개의 정육면체를 분리하여 각각의 정육면체에서 검은색 블록의 개수를 구해보자.

⟶ 평가표 :

정답 틀림	0점
정답 맞음	6점

정답 및 해설

⟶ 정답 : 64 개

⟶ 해설 : 붙어있는 두 개의 정육면체를 분리하여 각각의 정육면체에서 검은색 블록의 개수를 구해보자. 각각의 정육면체를 분리하면 아래와 같은 두 개의 정육면체를 얻을 수 있다. 그림과 같다.

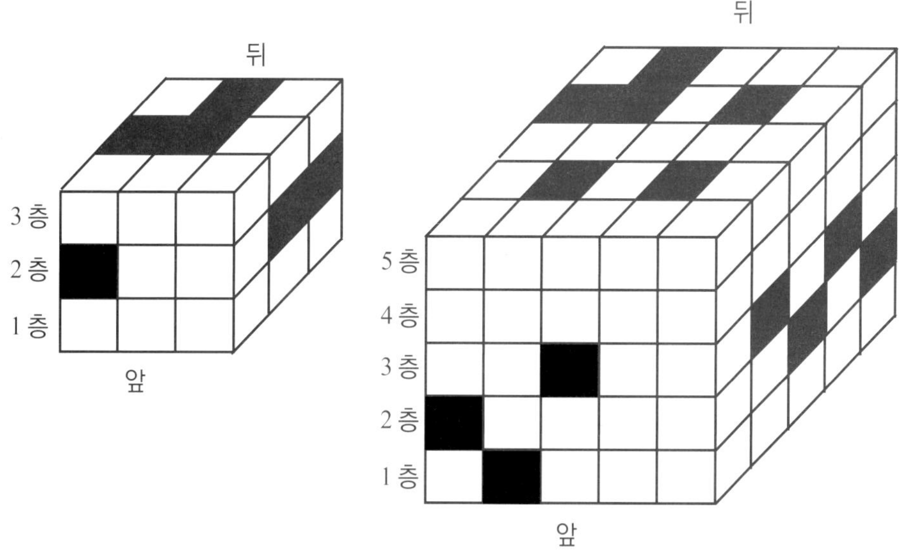

각 층을 위에서 보았을 때 검은색 블럭을 색칠해 보면 아래와 같다.

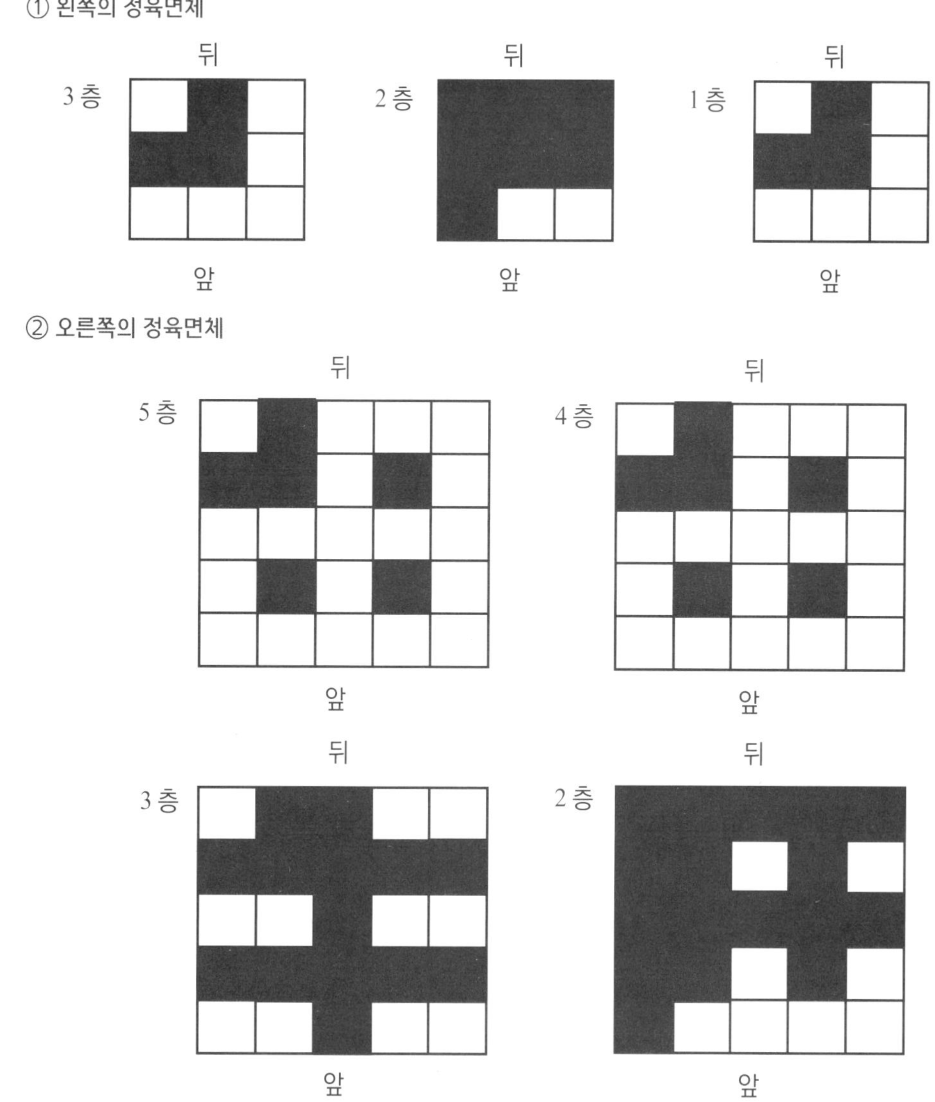

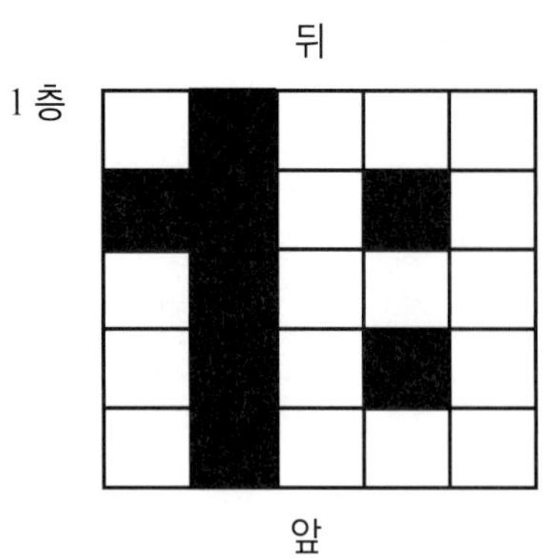

따라서 총 개수를 세어보면 (3 + 7 + 3) + (6 + 6 + 14 + 17 + 8) = 13 + 51 = 64 (개) 이다.

문 16 P. 53

문항 분석 및 평가표

⟶ 문항 분석 : 나누어진 두 블럭이 어떤 모양일지 추측해보자.

⟶ 평가표 :

정답 틀림	0점
정답 맞음	5점

정답 및 해설

⟶ 정답 : ③

⟶ 해설 : ①,②,④ 는 아래의 두 블럭을 합쳐 만든 블록이다.

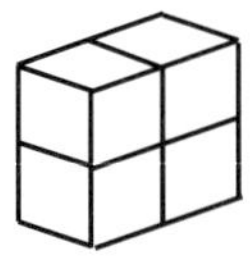
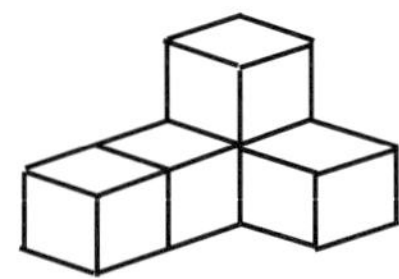

그러나 이 두 블럭으로 ③ 을 만들 수 없다.

문 17 P. 54

문항 분석 및 평가표

⟶ 문항 분석 : <보기> 의 성냥개비 중 6 개만 빼내서 5 개의 정삼각형이 남아있도록 만들어 보자.

⟶ 평가표 :

정답 틀림	0점
정답 맞음	5점

출제자예시답안

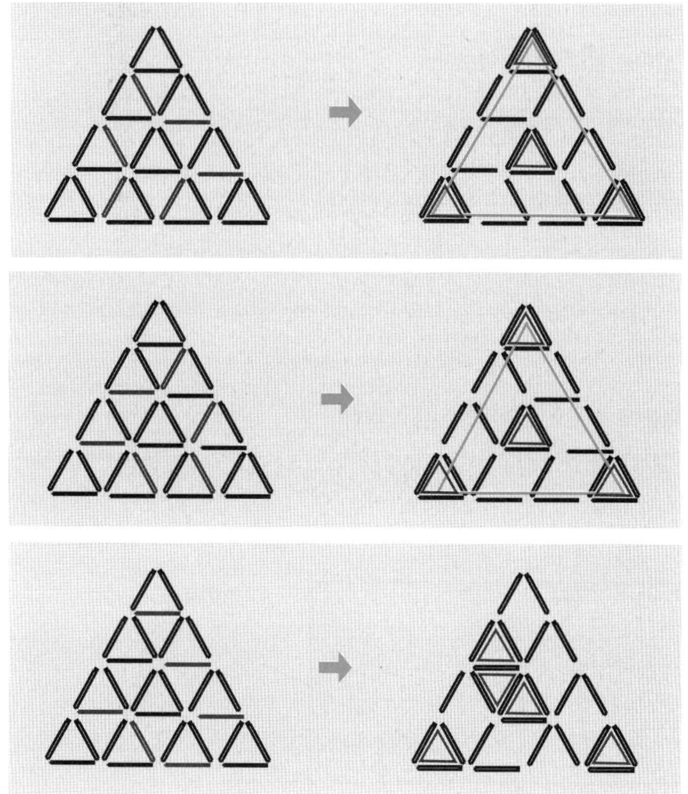

문항 분석 및 평가표

—> 문항 분석 : 겹쳐진 그림을 통해 <그림 2> 의 모양을 추측해 보자.

—> 평가표 :

정답 틀림	0점
정답 맞음	5점

정답 및 해설

—> 정답 :

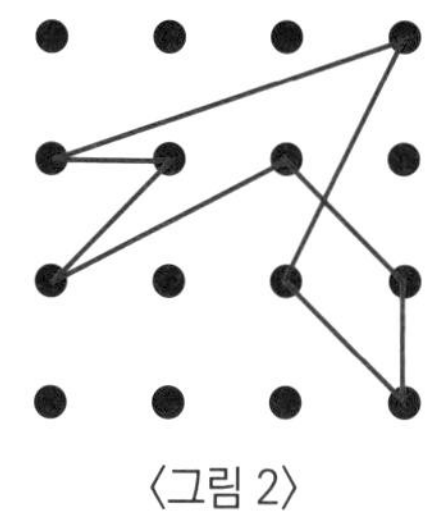
〈그림 2〉

—> 해설 : 겹쳐진 그림을 살펴 <그림 2> 의 모양을 추측하면 위와 같은 모양임을 알 수 있다.

문항 분석 및 평가표

⟶ 문항 분석 : 겹쳐진 부분에서 생기는 삼각형을 찾아보자.

⟶ 평가표 :

정답 틀림	0점
정답 맞음	5점

정답 및 해설

⟶ 정답 : 15 개

⟶ 해설 : 그림에서 보이는 삼각형을 모두 찾으면 아래의 그림과 같다.

① 하나의 도형으로만 삼각형을 만든 경우

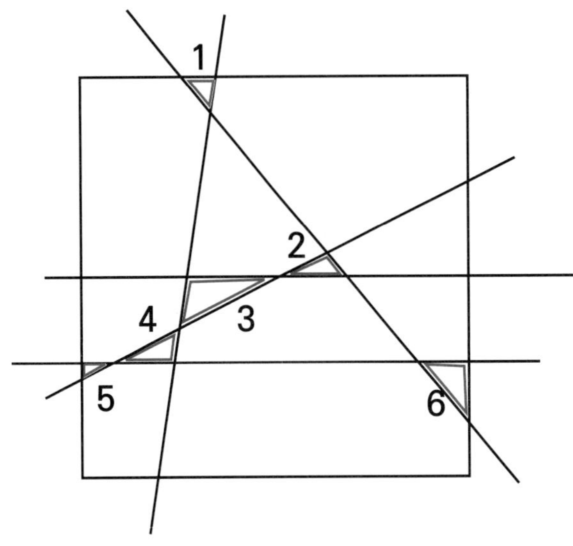

② 2 개의 도형을 붙여 삼각형을 만드는 경우

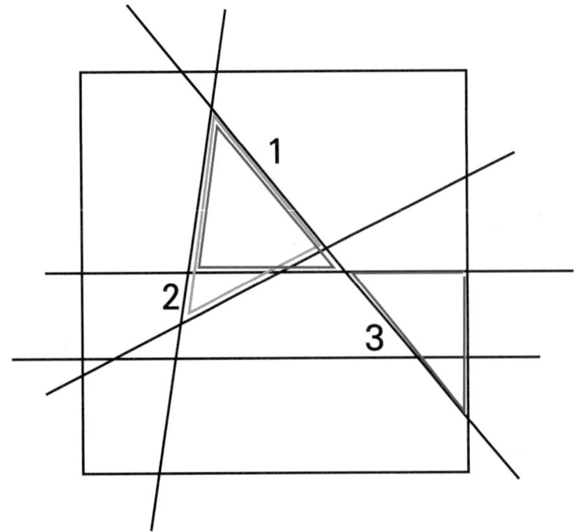

③ 3 개의 도형을 붙여 삼각형을 만드는 경우

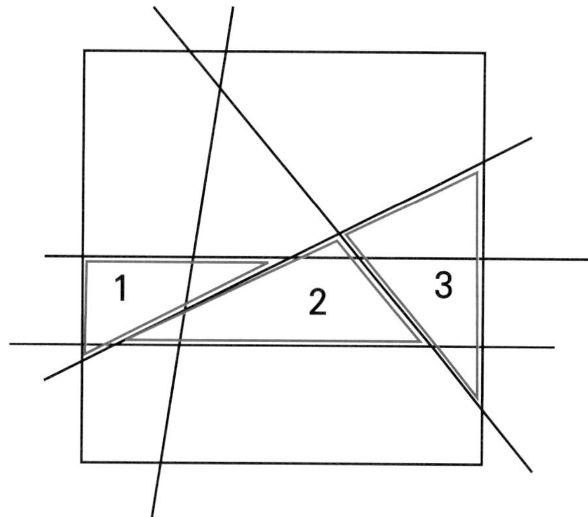

④ 4 개의 도형을 붙여 삼각형을 만드는 경우

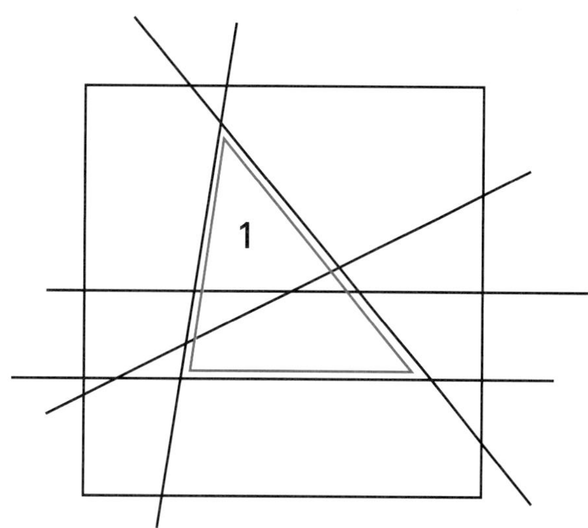

⑤ 5 개의 도형을 붙여 삼각형을 만드는 경우

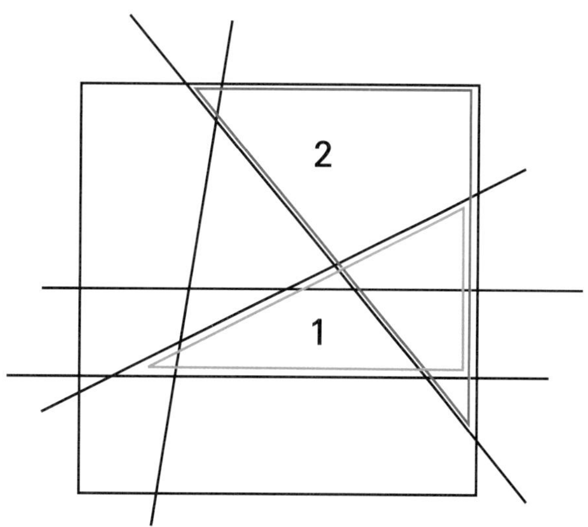

따라서 그림에서 나타나는 삼각형은 모두 6 + 3 + 3 + 1 + 2 = 15 (개) 이다.

문항 분석 및 평가표

→ 문항 분석 : 알파벳의 대칭축을 알아 보자.

→ 평가표 :

정답 틀림	0점
정답 맞음	4점

정답 및 해설

→ 정답 :

대칭축의 개수	해당하는 알파벳
0	F, G, J, L, N, P, R, S, Z
1	A, C, D, Y, U, E, T, V, W, M
2 개 이상	O, H, I, X

→ 해설 : 알파벳의 대칭축을 나타내면 다음과 같다.

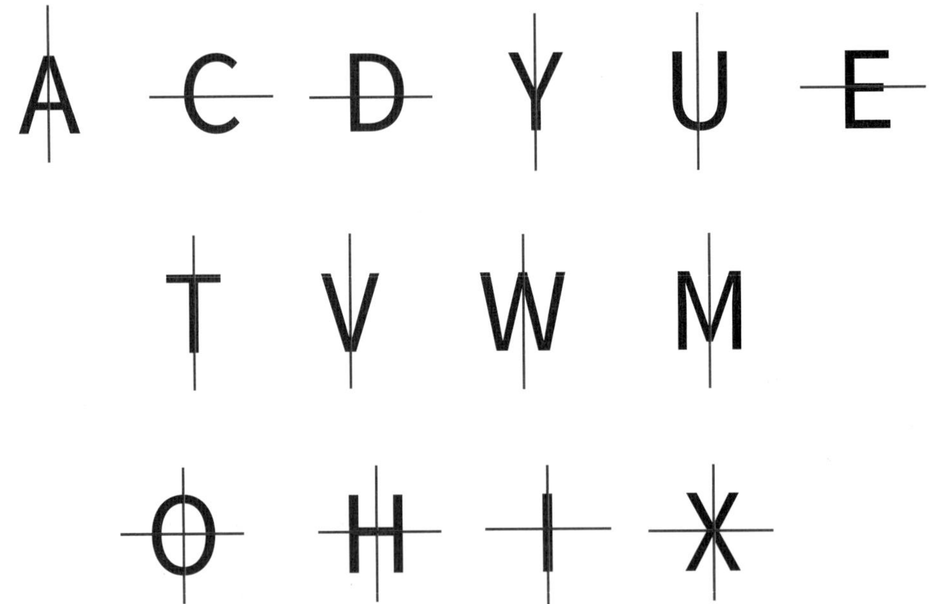

점수에 따른 성취도 등급

등급	1등급	2등급	3등급	4등급	5등급	총점
평가	80 점 이상	60 점 이상 ~ 79 점 이하	40 점 이상 ~ 59 점 이하	20 점 이상 ~ 39 점 이하	19 점 이하	100 점

4 창의적 문제해결력 1 회

· 총 10 문제입니다. 각 평가표에 있는 기준별로 배점을 했습니다. / 단원 말미에서 성취도 등급을 확인하세요.

문항 분석 및 평가표

⟶ **문항 분석 :** 조건에 맞는 가장 큰 다섯 자리 수를 찾는 문제이다. 왼쪽의 숫자가 클수록 큰 수가 됨을 이용하자.

⟶ **평가표 :**

정답 틀림	0점
정답 맞음	5점

정답 및 해설

⟶ **정답 :** 98510

⟶ **해설 :** 왼쪽의 숫자가 클수록 큰 수가 되므로 왼쪽의 숫자부터 찾아보자. 가장 왼쪽에 올 수 있는 수 중 가장 큰 수는 9 이다. 그러면 나머지 네 숫자의 합은 23 − 9 = 14 가 된다.

└ 나머지 숫자의 합 : 14 ┘

왼쪽에서 두 번째 숫자를 찾아보자. 왼쪽에서 두 번째 숫자는 9 와 다르고 12 보다 작거나 같은 수 중에 가장 커야 한다. 따라서 왼쪽에서 두 번째 숫자는 8 이고 나머지 세 숫자의 합은 14 − 8 = 6 이다.

└ 나머지 숫자의 합 : 6 ┘

왼쪽에서 세 번째 숫자를 찾아보자. 왼쪽에서 세 번째 숫자는 9, 8 과 다르고 6 보다 작거나 같은 수 중에 가장 커야 한다. 그런데 그 수가 6 인 경우 나머지 두 수가 모두 0 이 되어 문제의 조건에 위반된다.

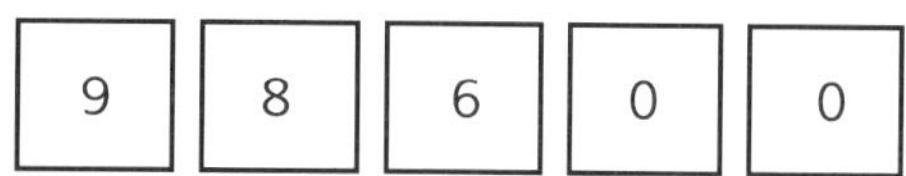

왼쪽에서 세 번째 숫자가 6 인 경우

따라서 왼쪽에서 세 번째 숫자는 5 이 되고, 나머지 두 자리는 서로 다르고 합이 1 이 되어야 하고, 왼쪽 숫자가 더 커야 하므로 1 과 0 이 된다.

문항 분석 및 평가표

⟶ 문항 분석 : 주어진 도형에 나타날 수 있는 삼각형을 종류별로 나타내고 각각의 갯수를 센다.

⟶ 평가표 :

정답 틀림	0점
정답 맞음	4점

정답 및 해설

⟶ 정답 : 30 개

⟶ 해설 : 주어진 도형에 나타날 수 있는 삼각형의 종류는 아래의 그림과 같다.

(a)

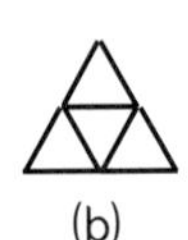
(b)

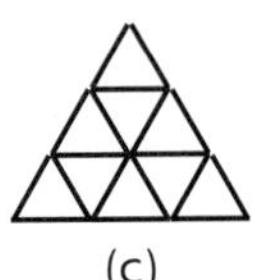
(c)

① 삼각형 (a) 의 갯수는 19 개이다.

② 삼각형 (b) 의 갯수는 9 개이다. 자세한 내용은 아래 그림과 같다.

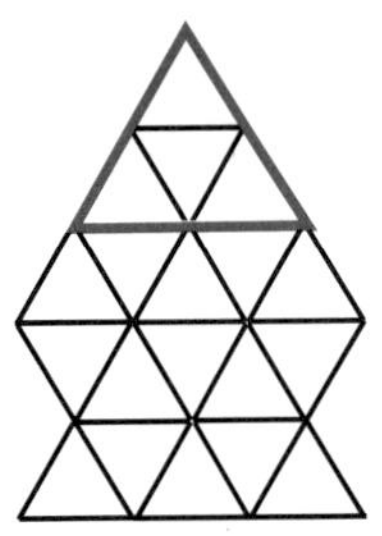
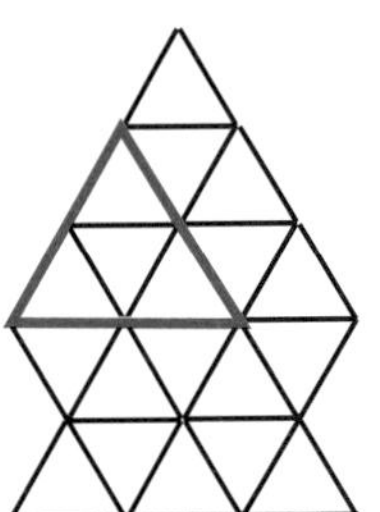
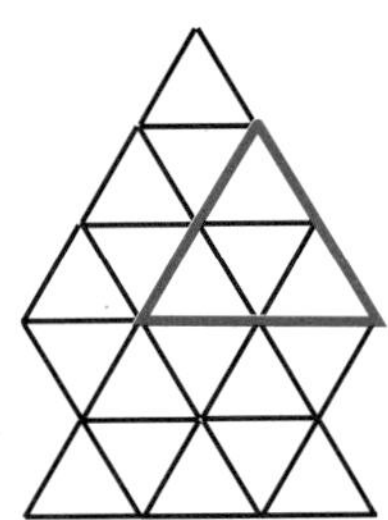

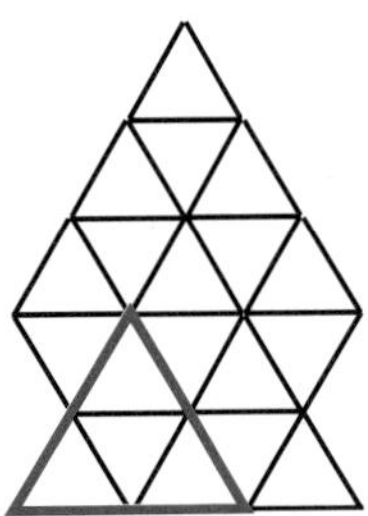

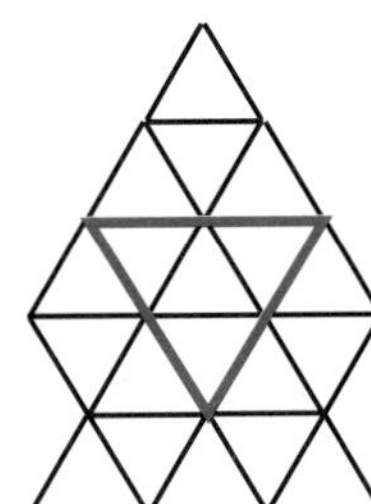
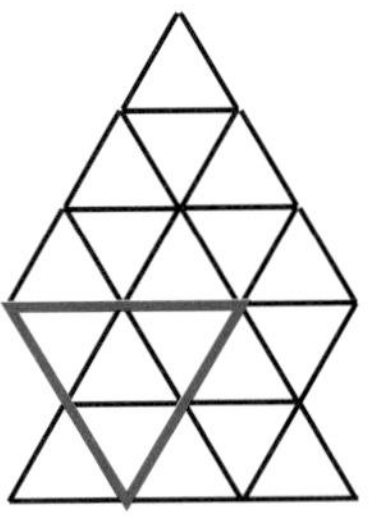

③ 삼각형 (c) 의 갯수는 2개 이다.

따라서 주어진 도형에서 나타날 수 있는 삼각형의 갯수는 19 + 9 + 2 = 30 (개) 이다.

문항 분석 및 평가표

⟶ 문항 분석 : 공통의 약수가 있는 경우 선을 잇지 않고, 그렇지 않은 경우 선을 잇는다.

⟶ 평가표 :

정답 틀림	0점
정답 맞음	5점

정답 및 해설

⟶ 정답 :

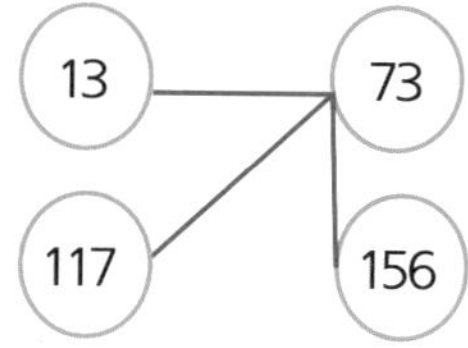

⟶ 해설 : 공통의 약수가 있는 경우 선을 잇지 않고, 그렇지 않은 경우 선을 잇는다. 117 = 13 × 3 × 3 이고, 156 = 13 ×3 × 4 이다. 따라서 13과 117, 156 은 서로 선을 긋지 않는다.

문항 분석 및 평가표

⟶ 문항 분석 : 각 변의 값이 일정하도록 하여 조건에 맞는 숫자를 배열해보자.

⟶ 평가표 :

4 가지 모두 숫자를 채우지 못함	0점
1 가지 경우만 숫자를 채움	1점
2 가지 경우만 숫자를 채움	2점
3 가지 경우만 숫자를 채움	4점
4 가지 모두 숫자를 채움	6점

정답 및 해설

⟶ 정답 : (예시 정답)

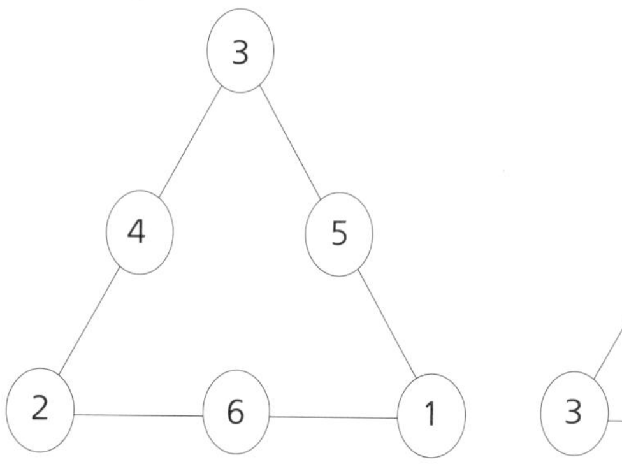

〈각 변의 수의 합이 9 인 경우〉

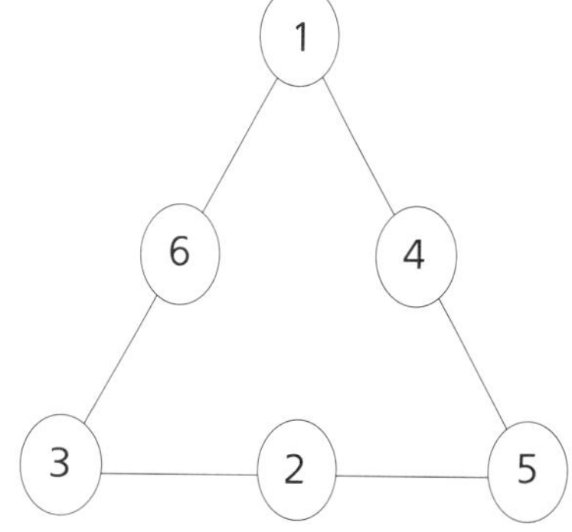

〈각 변의 수의 합이 10 인 경우〉

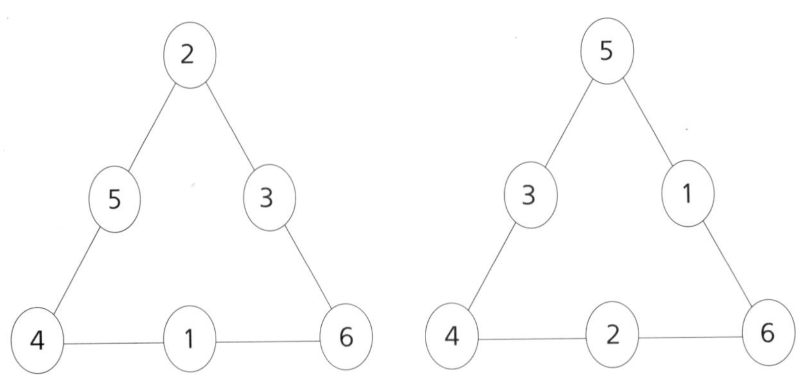

〈각 변의 수의 합이 11 인 경우〉 〈각 변의 수의 합이 12 인 경우〉

문항 분석 및 평가표

—> 문항 분석 : A 구역에 하나의 색을 칠하고 나머지를 색칠해 보자.

—> 평가표 :

정답 틀림	0점
정답 맞음	5점

정답 및 해설

—> 정답 : 48 개

—> 해설 : A 구역을 초록색으로 칠했을 때 나타날 수 있는 가짓수는 12개로 다음과 같다.

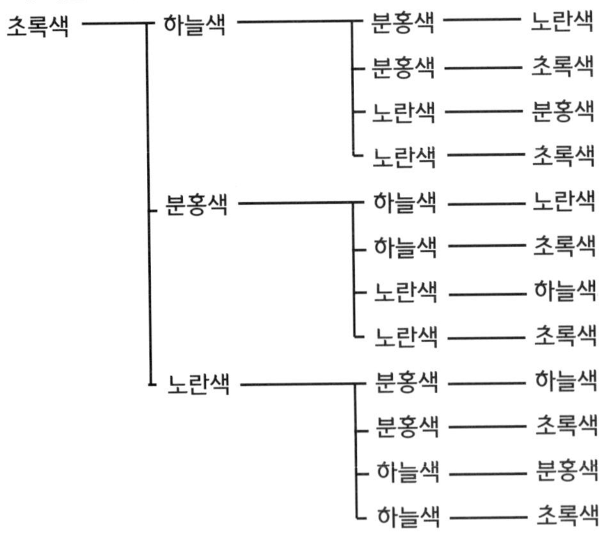

A 의 색깔 B 의 색깔 C 의 색깔 D 의 색깔

A 의 색이 하늘색, 분홍색, 노란색일 때도 마찬가지로 12 가지의 색이 나오므로 네 구역을 칠할 수 있는 가짓수는 48 개이다.

문항 분석 및 평가표

⟶ 문항 분석 : 최대한 많은 영역으로 원을 나누려면 3 개 이상의 직선이 원 내부의 한 점에서 만나는 일이 없어야 한다.

⟶ 평가표 :

(1), (2) 의 정답 모두 틀림	0점
(1) 또는 (2) 의 정답 중 하나만 맞음	3점
(1), (2) 의 정답 모두 맞음	6점

정답 및 해설

⟶ 정답 : (1) (예시 정답) (2) 29 개

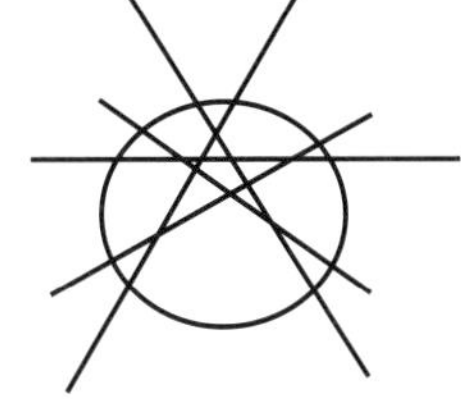

⟶ 해설 : (2) < 보기 >에서 처럼 직선의 갯수가 1, 2, 3, 4, 5 일 때, 나누어지는 원의 영역의 수는 2, 4, 7, 11, 16 이다. 이는 특별한 규칙을 가지고 있는데 이를 표로 나타내면 다음과 같다.

직선의 개수	나누어지는 원의 영역	
1	2	
2	4	2 증가
3	7	3 증가
4	11	4 증가
5	16	5 증가
6	?	6 증가
7	?	7 증가

이와 같은 규칙으로 볼 때, 직선의 갯수가 6 개일 때, 나누어지는 원의 영역은 22 개이고, 직선의 갯수가 7 개일 때, 나누어지는 원의 영역은 29 개임을 알 수 있다.

문항 분석 및 평가표

⟶ 문항 분석 : 한 칸씩만 올라가는 경우와 그렇지 않은 경우로 나누어 보자.

⟶ 평가표 :

정답 틀림	0점
정답 맞음	4점

정답 및 해설

⟶ 정답 : 8 개

⟶ 해설 : · 계단을 올라갈 때 한 칸씩만 올라가는 경우 : 1 가지
· 계단을 올라갈 때 두 칸씩 1 번 올라가고 나머지는 한 칸씩만 올라가는 경우 : 총 4 가지

① 2 칸 1 칸 1 칸 1 칸　　② 1 칸 2 칸 1 칸 1 칸
③ 1 칸 1 칸 2 칸 1 칸　　④ 1 칸 1 칸 1 칸 2 칸

· 계단을 올라갈 때 두 칸씩 2 번 올라가고 한번만 한 칸씩 올라가는 경우 : 총 3 가지

① 2 칸 2 칸 1 칸　　② 2 칸 1 칸 2 칸　　③ 1 칸 2 칸 2 칸

따라서 가능한 경우의 수는 1 + 4 + 3 = 8 (개) 이다.

문항 분석 및 평가표

⟶ 문항 분석 : 만날 때까지 걸린 시간을 문자로 두고 식을 세워 보자.

⟶ 평가표 :

(1), (2) 의 정답 모두 틀림	0점
(1) 또는 (2) 의 정답 중 하나만 맞음	2점
(1), (2) 의 정답 모두 맞음	5점

정답 및 해설

⟶ 정답 : (1) 농구장 (2) 3 바퀴

⟶ 해설 : (1) 처음으로 만날 때까지 걸린 시간을 t 라 하면 t 초 동안 무한이가 이동한 거리는 4 t 이고, t 초동안 상상이가 이동한 거리는 6 t 이다. 같은 시간동안 상상이가 300 m 를더 움직이므로 4 t + 300 = 6 t 라 할 수 있다. 이를 풀면 t = 150 이다. 6 × 150 = 900 이므로 상상이는 150 초 동안 900 m 를 갔고, 이것은 1.5 바퀴에 해당하므로 상상이는 한바퀴를 더 가고 300 m 를 더 가 둘은 농구장에서 만난다.

(2) 처음으로 만난 이후 두번째 만남때까지 걸린 시간(초)을 x 라 하자. 두번째 만남은 첫번째 만남 이후 상상이가 무한이보다 한바퀴 더 돌았을 때이다. 따라서 $4x + 600 = 6x$가 되고, $x = 300$ 이다. 이 시간동안 300 × 6 = 1800 m 를 가고 한 바퀴에 600 m 이므로 상상이는 다시 만날 때까지 3 바퀴를 돌았다.

문항 분석 및 평가표

⟶ 문항 분석 : 하노이탑 문제이다. 원판 횟수가 하나 늘어나면 그 원판을 옮기는 횟수는 늘어나기 전의 원판을 옮기는 횟수의 2 배에 1 을 더해주는 값이다.

⟶ 평가표 :

정답 틀림	0점
정답 맞음	5점

정답 및 해설

⟶ 정답 : 원판이 4 개 일 때 다른 기둥으로 전체를 옮기기 위한 최소 횟수 : 15 회
원판이 5 개 일 때 다른 기둥으로 전체를 옮기기 위한 최소 횟수 : 31 회

⟶ 해설 : · 원판이 3 개일 때 다른 기둥으로 전체를 옮기기 위한 최소 횟수는 <보기>의 7 회 이다.

ⓐ 원판이 4 개일 경우

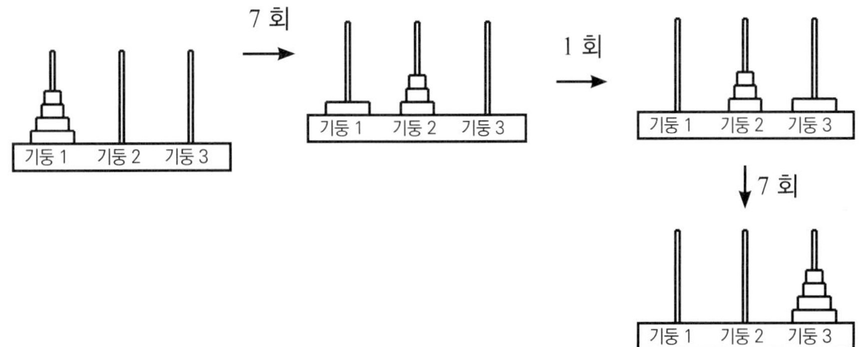

기둥 1 의 3 개의 원판을 기둥 2 로 보내는 데 7 회, 기둥 1 의 가장 큰 원판을 기둥 3 으로 보내는 데 1 회, 기둥 2 의 3 개의 원판을 기둥 3 으로 보내는데 7 회 → 총 15 회

∴ 원판을 옮기는 횟수 = (한 개 적은 원판을 옮기는 횟수 × 2) + 1

ⓑ 원판이 5 개일 경우

위와 마찬가지 논리로 하면 15 회 + 1 회 + 15 회 이므로 총 31 회이다.

문항 분석 및 평가표

⟶ 문항 분석 : 가장 오른쪽 주사위를 이용해 주사위의 전개도를 알아보자.

⟶ 평가표 :

두 개의 정답 모두 틀림	0점
두 개의 정답 중 하나만 맞음	3점
두 개의 정답 모두 맞음	7점

정답 및 해설

⟶ 정답 : (정면의 주사위 정면 방향에서의 주사위 눈의 총합) = 14
(바닥에 닿아 있는 주사위 눈의 총 합) = 8

⟶ 해설 : 정면 방향에서 봤을 때 5 개의 주사위를 각각 (a), (b), (c), (d), (e) 라 하자.

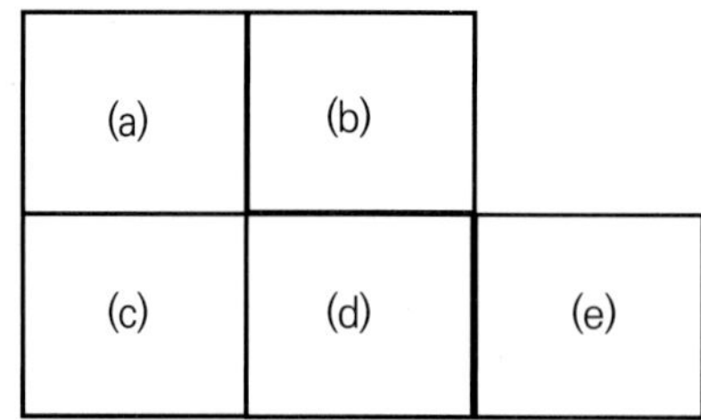

주사위에서 마주하는 주사위의 합은 7 이므로 주사위 (e) 에서 주사위 (d) 와 마주하는 면의 눈은 6 이고, 주사위끼리 만나는 눈의 합이 8 이므로 주사위 (d) 에서 주사위 (e) 와 마주하는 면의 눈은 2 이다. 마찬가지로 주사위 (d) 에서 주사위 (c) 와 마주하는 면의 눈은 5 이고, 주사위 (c) 에서 주사위 (d) 와 마주하는 면의 눈은 3 이다. 마찬가지 방법으로 주사위 (b) 에서 주사위 (a) 와 마주하는 면의 눈은 3 이고, 주사위 (a) 에서 주사위 (b) 와 마주하는 면의 눈은 5 이다.

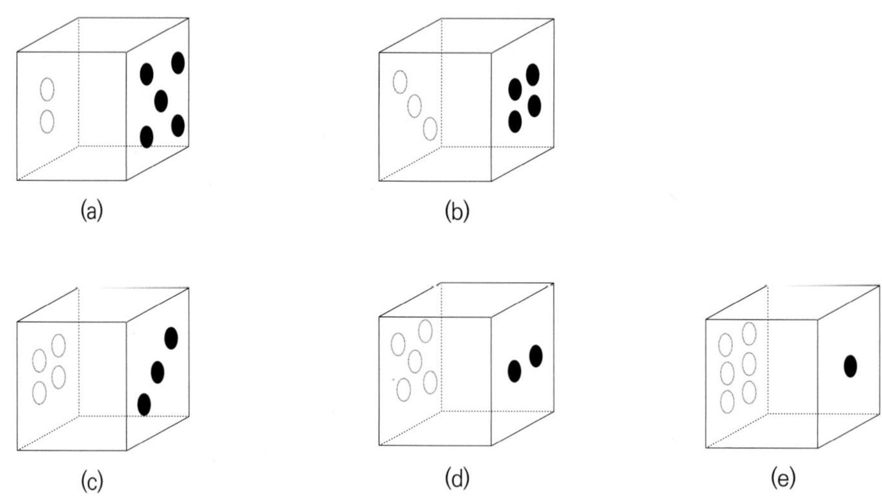

한편, 주사위 (a) 의 윗면의 주사위눈은 4 이므로 주사위 (a) 에서 주사위 (c) 와 마주하는 면의 눈은 3 이고, 주사위 (c) 에서 주사위 (a) 와 마주하는 면의 눈은 5 이다. 또한 주사위 (b) 에서 주사위 (d) 와 마주하는 면의 눈은 2 이고, 주사위 (d) 에서 주사위 (b) 와 마주하는 면의 눈은 6 이다.

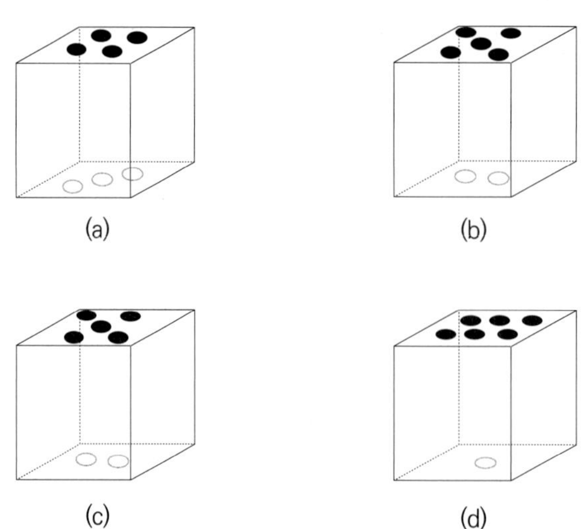

주사위 (b) 와 주사위 (e) 를 고려하면 주사위 (a), (b), (c) 의 정면의 값을 알 수 있다.

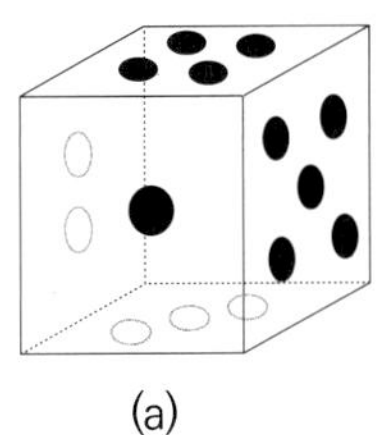
(a)

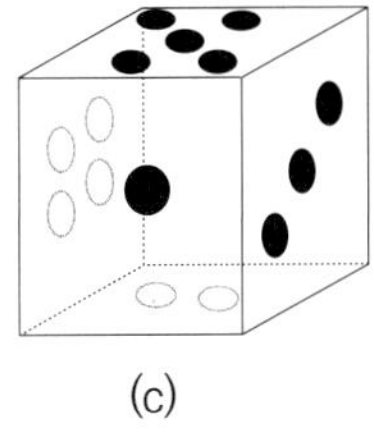
(c)

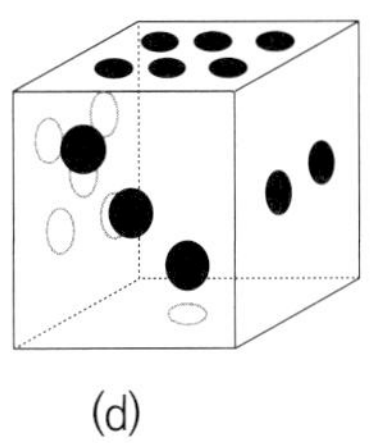
(d)

따라서 정면의 주사위정면 방향에서의 주사위 눈의 총합은 14 이고, 바닥에 닿아 있는 주사위 눈의 총 합은 8 이다.

점수에 따른 성취도 등급

등급	1등급	2등급	3등급	4등급	5등급	총점
평가	40 점 이상	30 점 이상 ~ 39 점 이하	20 점 이상 ~ 29 점 이하	10 점 이상 ~ 19 점 이하	9 점 이하	52 점

4 창의적 문제해결력 2 회

· 총 10 문제입니다. 각 평가표에 있는 기준별로 배점을 했습니다. / 단원 말미에서 성취도 등급을 확인하세요.

문항 분석 및 평가표

⟶ 문항 분석 : 그림에서 바둑돌은 흰돌과 검은돌이 나선의 사각형의 길을 따라 하나씩 증가하며 교대로 나타나고 있다.

⟶ 평가표 :

규칙 설명과 정답 모두 틀림	0점
규칙 설명 또는 정답 중 하나만 맞음	2점
규칙 설명과 정답 모두 맞음	5점

정답 및 해설

⟶ 정답 : · 그림에 대한 설명 : 흰돌과 검은돌이 나선의 사각형의 길을 따라 하나씩 증가하며 교대로 나타나고 있다.

· 구하려는 검은돌의 갯수 : 20 개

⟶ 해설 : 바둑돌은 흰 돌과 검은 돌이 나선의 사각형의 길을 따라 하나씩 증가하며 교대로 나타나고 있다. 나선형의 사각형을 따라 바둑돌을 배열하다 보면 8 번째로 바둑돌을 배열할 때, 바둑돌의 가로의 개수와 세로의 개수가 처음으로 같아짐을 알 수 있다. 이 때 검은 돌의 개수를 세어보면 검은돌의 갯수는 20 개 이다.

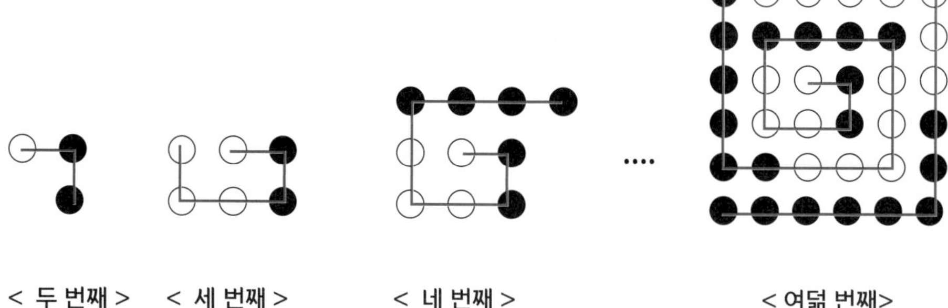

< 두 번째 >   < 세 번째 >   < 네 번째 >   < 여덟 번째>

문항 분석 및 평가표

⟶ 문항 분석 : 한국의 신발 사이즈는 5 mm 를 단위로 신발을 분류한다. 이와 같은 유럽 신발 사이즈의 단위는 무엇일지 알아보자.

⟶ 평가표 :

정답 틀림	0점
정답 맞음	4점

정답 및 해설

⟶ 정답 : 41.5

⟶ 해설 : 유럽 신발 크기의 가장 작은 단위가 무엇인지 알아보자. 도표에서 한국의 신발 크기의 가장 큰 값은 295 이므로 한국의 신발 크기는 5 mm 단위로 나온다. 295 − 240 = 55 = 5 × 11 이므로 주어진 표는 총 12 개의 행을 가짐을 알 수 있다. 한편 44 − 38.5 = 5.5 이고 5.5 ÷ 11 = 0.5 이므로 유럽 신발 크기의 가장 작은 단위는 0.5 이다. 이를 바탕으로 270 mm 까지의 도표를 구해보면 세주네 삼촌의 유럽 신발 크기는 41.5 임을 알 수 있다. 문제에 한국과 유럽의 신발의 크기를 표료 만들면 다음과 같다.

한국(mm)	유럽
240	38.5
245	39
250	39.5
255	40
260	40.5
265	41
270	41.5
275	42
280	42.5
285	43
290	43.5
295	44

〈한국과 유럽의 신발 사이즈 표〉

문항 분석 및 평가표

⟶ 문항 분석 : 인천의 시각을 기준으로 모스크바의 시각을 바꾸어 보고, 무한이가 여행하는 동안 비행기를 타는 시간을 구해보자.

⟶ 평가표 :

정답 틀림	0점
정답 맞음	7점

정답 및 해설

⟶ 정답 : 21 시간 40 분

⟶ 해설 : ① 인천에서 출발하여 헬싱키에 도착할 때까지 비행기를 타는 시간

인천과 모스크바는 6 시간의 시차가 있고, 모스크바의 시각 2022 년 06 월 19 일 16 시 50 분은 인천의 시각으로 2022 년 06 월 19 일 22 시 50 분이다. 따라서 인천에서 모스크바까지 비행기를 타는 시간은 같은 날 13 시 35 분부터 22 시 50 분사이의 차이이므로 9 시간 15 분이다. 한편, 모스크바와 헬싱키는 시차가 없으므로 모스크바에서 헬싱키까지 비행기를 탄 시간은 같은날 18 시 20 분에서 20 시 10 분사이의 차이가 된다. 그 시간은 1 시간 50 분이므로 인천에서 출발하여 헬싱키에 도착할 때까지 비행기를 타는 시간은 총 11 시간 5 분이다.

—> 해설 : ② 헬싱키에서 출발하여 인천에 도착할 때까지 비행기를 타는 시간

헬싱키와 모스크바는 시차가 없으므로 모스크바에서 헬싱키로 가는 동안 비행기를 탄 시간은 같은 날 13 시 25 분부터 15 시 10 분까지의 차이가 되며 이 차이는 1 시간 45 분이다. 한편, 인천과 모스크바는 6 시간의 시차가 있고, 모스크바의 시각 2022 년 06 월 25 일 18 시 55 분은 인천의 시각으로 2022 년 06 월 26 일 0 시 55 분이다. 따라서 인천에서 모스크바까지 비행기를 타는 시간은 같은 날 0 시 55 분부터 09 시 45 분까지의 차이이므로 8 시간 50 분이다. 따라서 헬싱키에서 출발하여 인천에 도착할 때까지 비행기를 타는 시간은 10 시간 35 분이다.

따라서 무한이가 여행하는 동안 비행기를 시간은 총 21 시간 40 분이다.

문항 분석 및 평가표

—> 문항 분석 : 방학이 끝난 후 무한이, 상상이, 알탐이가 책을 읽은 쪽수를 각각 A, B, C 라 하고, 문제 상황을 식으로 나타내어 보자.

—> 평가표 :

정답 틀림	0점
정답 맞음	5점

정답 및 해설

—> 정답 : 알탐이, 상상이, 무한이

—> 해설 : 방학이 끝난 후 무한이, 상상이, 알탐이가 책을 읽은 쪽수를 각각 A, B, C 라 하고, 문제 상황을 식으로 나타내면 다음의 세 식을 얻을 수 있다.

$$3A < C \quad \cdots\cdots ①$$
$$C < 2B \quad \cdots\cdots ②$$
$$B < 2A \quad \cdots\cdots ③$$

① 식에서 $A < 3A < C$ 이므로 $A < C$ 이다.

①, ② 식을 합치면 $3A < C < 2B$ 의 식을 얻을 수 있다. $3A < C < 2B$ 이므로 $3A < 2B$ 이고, 양변을 2 로 나누면 $A < 1.5A. < B$ 이다. 따라서 $A < B$ 이다.

③ 식에서 $B < 2A < 3A < C$ 이므로 $B < C$ 이다.

이를 종합하면 $A < B < C$ 가 되므로 책을 많이 읽은 순으로 나열하면 알탐이, 상상이, 무한이 이다.

문항 분석 및 평가표

—> 문항 분석 : 무한이네 반의 수학 시험 점수의 총합 x 라 하고, 무한이네 반의 수학 시험 점수의 총합을 x 에 관해 나타내어 보자.

—> 평가표 :

정답 틀림	0점
정답 맞음	5점

정답 및 해설

—> 정답 : 78 점

⟶ 해설 : 전체 평균 점수의 값이 80 이므로 두 반의 수학 시험 점수의 총합은 $40 \times 80 = 3200$ (점)이다. 상상이네 반의 수학 시험 점수의 총합을 x 라 하자. 그러면 무한이네 반의 수학 시험 점수의 총합을 $3200 - x$ (점)이라 할 수 있다. 한 반의 수학 시험 점수의 평균은 (반 점수의 총합) ÷ (반의 인원수) 이므로 상상이네 반의 수학 시험 점수의 평균 점수의 값은 $\frac{x}{24}$이고 무한이네 반의 수학 시험 점수의 평균점수의 값은 $\frac{3200-x}{16}$ 이다. 무한이네 반의 평균 점수는 상상이네 반의 평균 점수보다 5 점 높으므로 이를 식으로 나타내보면 $5 + \frac{x}{24} = \frac{3200-x}{16}$ 이다. 양변에 24, 16 의 최대 공약수 48 을 곱해주면 $2x + 240 = 9600 - 3x$ 이고, 이를 정리하면 $5x = 9360$ 가 되어, $x = 1872$ 이다. 따라서 상상이네 반의 평균 점수는 $\frac{x}{24} = 78$ (점) 이다.

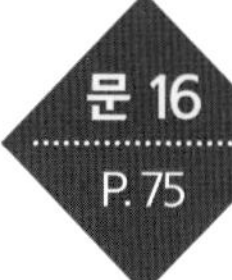

문 16 P. 75

문항 분석 및 평가표

⟶ 문항 분석 : 아래와 같은 특수한 경우에서 두 정사각형의 겹쳐진 부분의 넓이를 생각해보자.

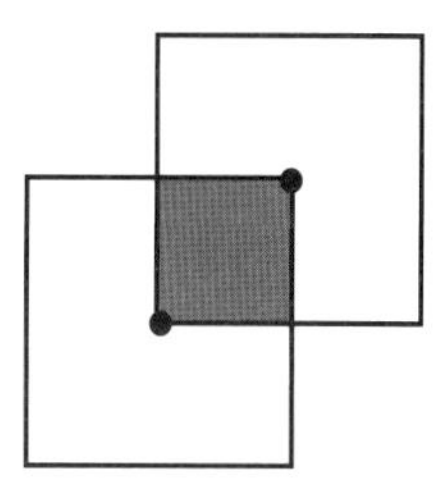

⟶ 평가표 :

정답 틀림	0점
정답 맞음	5점

정답 및 해설

⟶ 정답 : $25\ cm^2$

⟶ 해설 : 두 정사각형의 한 꼭짓점이 서로의 중심을 지나는 경우 겹쳐진 부분은 반지름 5 cm 인 정사각형이 되므로 그 넓이는 $25\ cm^2$ 이다. 이때, 한 정사각형을 다른 정사각형의 꼭짓점을 기준으로 회전하면, 기존에 겹쳐졌던 정사각형 모양에서 새로 생기는 영역과 사라지는 영역의 크기가 같음을 알 수 있다. 따라서 모든 경우에서 겹쳐지는 영역의 넓이는 $25\ cm^2$ 이다.

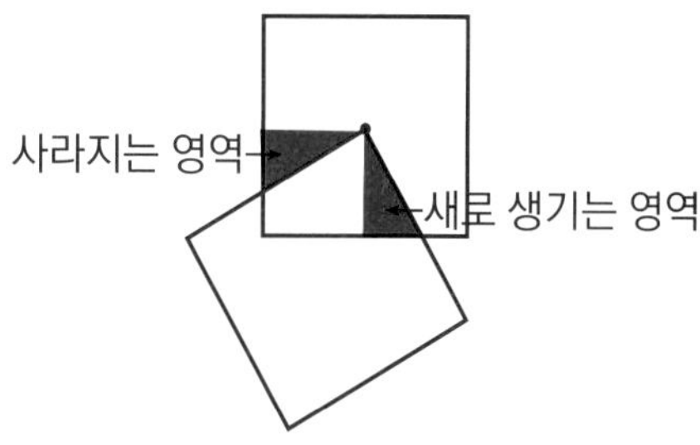

문 17 P. 76

문항 분석 및 평가표

⟶ 문항 분석 : 높이 2000 m 상공에서 소리의 속도는 343.6 m/s 이므로 높이 2000 m 상공에서의 온도는 21 °C 이다.

⟶ 평가표 :

정답 틀림	0점
정답 맞음	6점

정답및해설

⟶ 정답 : 32˚ C

⟶ 해설 : 2000 m 상공에서 소리의 속도는 온도가 0 ˚ C 일 때보다 343.6 − 331 = 12.6 (m/s)만큼 빠르다. 온도가 1 ˚ C 오를 때마다 소리의 속도는 0.6 m/s 씩 증가하며 12.6 ÷0.6 = 21 이므로 2000 m 상공에서의 기온은 21 ˚ C 이다. 한편, 기온은 지면에서 100 m 씩 올라갈 때마다 0.55 ˚ C 씩 낮아지므로 2000 m 상공에서의 기온 21 ˚ C 는 지면에서의 기온보다 0.55 ×20 = 11 ˚ C 만큼 내려간 온도이다. 따라서 지면의 기온은 21 + 11 = 32 ˚ C 가 된다.

문항 분석 및 평가표

⟶ 문항 분석 : 각 꼭짓점에 있는 수를 A, B, C 라 하자. 그러면 각 변의 수를 모두 더한 값은 158 은 X, Y, Z 의 합의 두 배가 된다.

⟶ 평가표 :

정답 틀림	0점
정답 맞음	5점

정답및해설

⟶ 정답 : 각 꼭짓점 A, B, C 에 있는 수 : 24, 27, 28

⟶ 해설 : 각 꼭짓점에 있는 수를 A, B, C 라 하자. 각 변의 수를 모두 더해 식을 세우면 2 ×(A + B + C)= 51 + 52 + 55 = 158 이다. 따라서 A + B + C = 79 이다 .... (*)

문제의 조건에 의해 A + B = 51, B + C = 55, C + A = 52 이고, 이를 (*) 에 대입하면

51 + C = 79, 55 + A = 79, 52 + B = 79 이다. 따라서 A = 24, B = 27, C = 28 이다.

문항 분석 및 평가표

⟶ 문항 분석 : 악수는 최대 4 번까지 가능하므로 무한이네 어머님을 제외한 나머지 사람들이 악수한 횟수는 각각 4 번, 3 번, 2 번, 1 번, 0 번이다.

⟶ 평가표 :

정답 틀림	0점
정답 맞음	6점

정답및해설

⟶ 정답 : 무한이와 무한이 부인은 각각 두 번의 악수를 하셨다.

⟶ 해설 : 악수는 최대 4 번까지 가능하므로 무한이를 제외한 나머지 사람들이 악수한 횟수는 각각 4 번, 3 번, 2 번, 1 번, 0 번이다. 자신의 짝과 악수한 사람은 없으므로 악수를 4 번한 사람은 자신의 짝을 제외한 모든 사람과 악수하였다. 짝을 제외한 모든 사람은 악수를 적어도 한번 하게 되므로 악수를 0 번한 사람은 악수를 4 번한 사람의 짝이 된다.

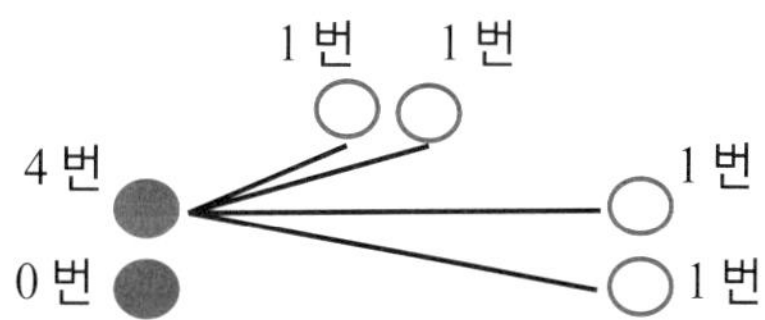

악수를 3 번한 사람은 악수를 4 번, 0 번한 사람과 자신의 짝을 제외한 모든 사람과 악수해야 하며, 악수를 1 번 한 사람은 악수를 3 번한 사람의 짝이 된다.

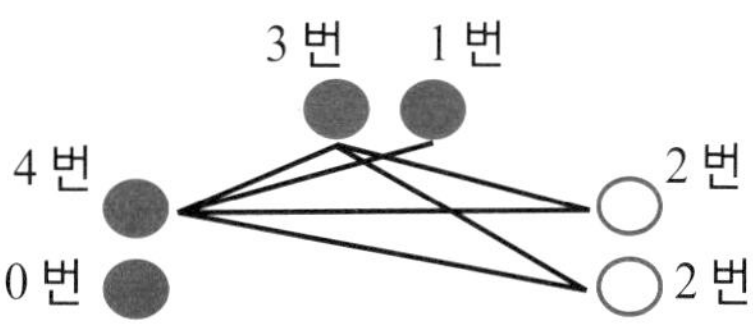

따라서 악수를 2 번한 사람 두 명이 무한이 부부가 된다.

문 20
P. 79

문항 분석 및 평가표

⟶ **문항 분석** : 모든 주택이 전선으로 연결되어야 최소의 비용으로 모든 주택에 전기를 공급할 수 있다.

⟶ **평가표** :

정답 틀림	0점
정답 맞음	4점

정답 및 해설

⟶ **정답** :

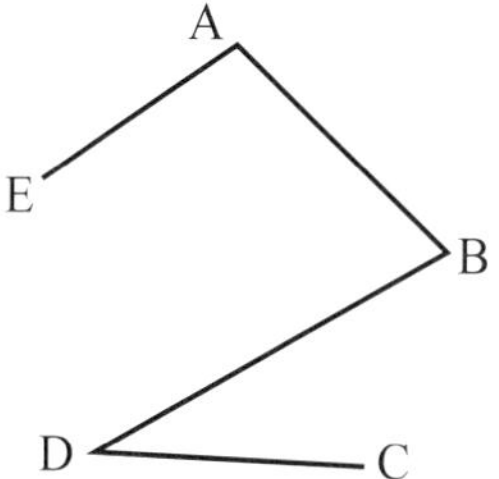

⟶ **해설** : 표에서 가장 작은 비용이 드는 값을 찾아 전체가 하나의 선으로 연결될 때까지 두 점을 연결해보자.

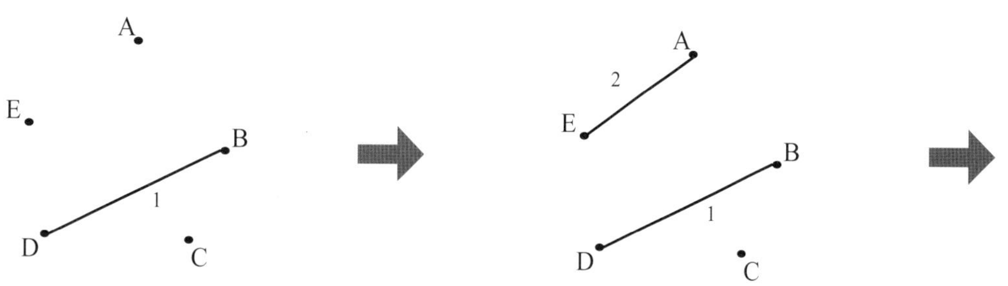

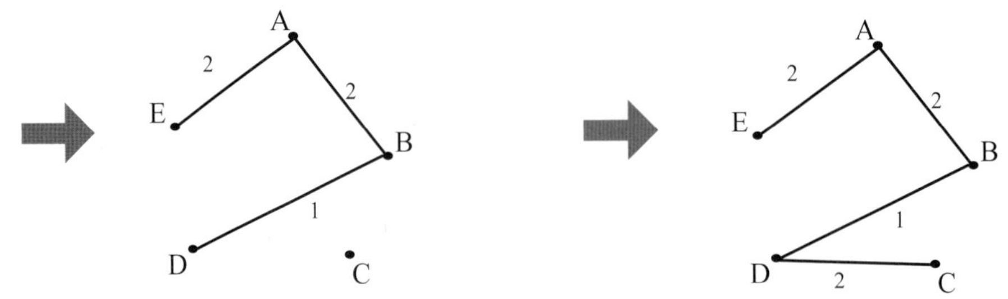

표에서 가장 작은 비용이 드는 값을 찾아 전체가 하나의 선으로 연결될 때까지 두 점을 연결해보자.

점수에 따른 성취도 등급

등급	1등급	2등급	3등급	4등급	5등급	총점
평가	40 점 이상	30 점 이상 ~ 39 점 이하	20 점 이상 ~ 29 점 이하	10 점 이상 ~ 19 점 이하	9 점 이하	52 점

4 창의적 문제해결력 3 회

· 총 10 문제입니다. 각 평가표에 있는 기준별로 배점을 했습니다. / 단원 말미에서 성취도 등급을 확인하세요.

문항 분석 및 평가표

⟶ 문항 분석 : 하나의 주사위를 두 번 던져 나온 수를 순서대로 곱한 값은 1 에서 36 사이의 수이다.

⟶ 평가표 :

(1), (2) 의 정답 모두 틀림	0점
(1) 또는 (2) 의 정답 하나만 맞음	3점
(1), (2) 의 정답 모두 맞음	6점

정답 및 해설

⟶ 정답 : (1) 삼각형의 왼쪽 꼭지점과 위쪽 꼭지점의 수를 곱하고 오른쪽 꼭지점의 수를 빼 준다.
(2) 21 가지

⟶ 해설 : (2) 삼각형의 내부에 나타날 수는 (첫 번째로 나온 수) × (두 번째로 나온 수) − 1 이고, 이는 소수여야 한다. 주사위의 눈의 값은 1 에서 6 이므로, (첫 번째로 나온 수) × (두 번째로 나온 수) − 1 으로 가능한 수는 0 에서 35 이다. 이 중에서 소수는 2, 3, 5, 7, 11, 13, 17, 19, 23, 29, 31 이다. 그러면 (첫 번째로 나온 수) × (두 번째로 나온 수) 으로 가능한 수는 각 소수에 1 을 더한 3, 4, 6, 8, 12, 14, 18, 20, 24, 30, 32 임을 알 수 있다. 이 중에서 14, 32 는 주사위의 눈의 곱으로 나타낼 수 없으므로 3, 4, 6, 8, 12, 18, 20, 24, 30 만이 두 수의 곱으로 가능한 수이다. 이때 두 수를 적어보면 아래와 같이 21 가지임을 알 수 있다.

삼각형 안의 수	두 수의 곱	첫 번째로 나온 수	두 번째로 나온 수
2	3	1	3
		3	1
3	4	1	4
		2	2
		4	1
5	6	1	6
		2	3
		3	2
		6	1
7	8	2	4
		4	2
11	12	2	6
		6	2
17	18	3	6
		6	3

삼각형 안의 수	두 수의 곱	첫 번째로 나온 수	두 번째로 나온 수
19	20	4	5
		5	4
23	24	4	6
		6	4
29	30	5	6
		6	5

문 22
P. 81

문항 분석 및 평가표

⟶ 문항 분석 : $1000 = 1 \times 1000 = 2 \times 500 = 4 \times 250 = 8 \times 125 = 10 \times 100 = 20 \times 50 = 25 \times 40$ 이다.

⟶ 평가표 :

정답 틀림	0점
정답 맞음	5점

정답 및 해설

⟶ 정답 : 25 쪽, 40 쪽

⟶ 해설 : $1000 = 1 \times 1000 = 2 \times 500 = 4 \times 250 = 8 \times 125 = 10 \times 100 = 20 \times 50 = 25 \times 40$ 이다.
1000 을 서로 다른 수의 곱으로 나타내는 방법은 8 가지이며 $A < B$ 이므로 양쪽 끝의 두 수가 될 수 있는 순서쌍은 다음의 8 가지이다.

(1, 1000), (2, 500), (4, 250), (5, 200), (8, 125), (10, 100), (20, 50), (25, 40)

책의 연속되는 7 장이 찢어졌으므로 두 페이지의 차이는 $2 \times 7 + 1 = 15$ 가 되어야 하면 이러한 조건을 만족하는 순서쌍은 (25, 40) 이다. 따라서 A, B 는 25, 40 이다.

문 23
P. 82

문항 분석 및 평가표

⟶ 문항 분석 : 원을 제외한 삼각형 내부의 면적과 <그림 2> 의 넓이는 어떤 관계가 있는지 살펴보자.

⟶ 평가표 :

정답 틀림	0점
정답 맞음	5점

정답 및 해설

⟶ 정답 : $100 - 2A$

→ 해설 : 아래의 두 도형에서 어둡게 칠해진 영역의 넓이는 같다.

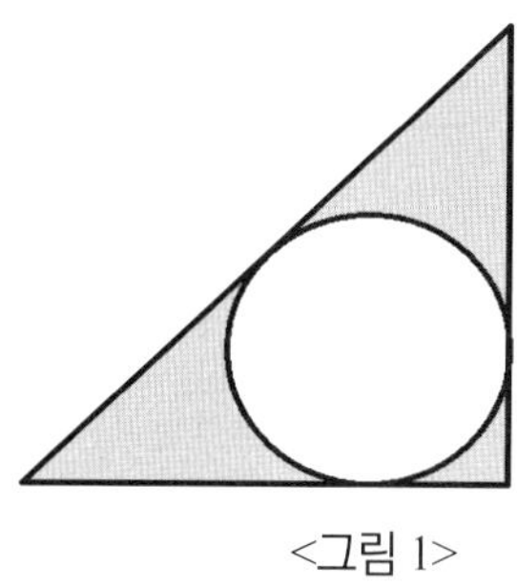

<그림 1>

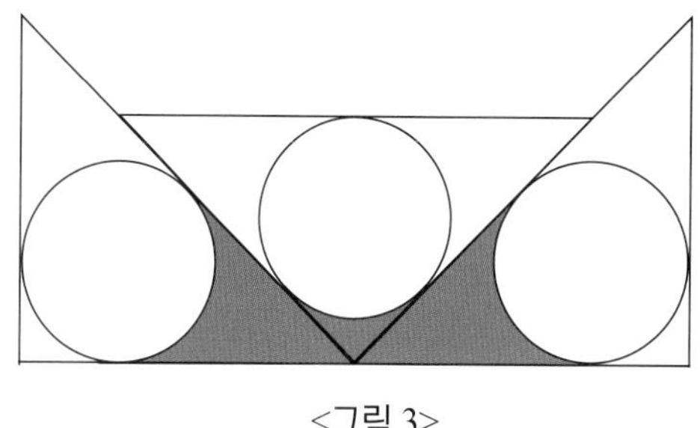

<그림 3>

<그림 2>의 어두운 부분의 넓이는 <그림 3> 의 어두운 부분의 넓이의 두 배이며, 이는 <그림 1> 의 어두운 부분의 넓이의 2배이다. <그림 1> 의 어두운 부분의 넓이는 전체 삼각형의 넓이에서 원의 넓이를 뺀 것이므로 $(10 \times 10 \div 2) - A = 50 - A$ 이다. 따라서 <그림 2>의 어두운 부분의 넓이는 2 × (<그림 3> 의 어두운 부분의 넓이) = 2 × (<그림 1> 의 어두운 부분의 넓이) = $2 \times (50 - A) = 100 - 2A$ 이다.

문 24 P.84

문항 분석 및 평가표

→ 문항 분석 : 3 개의 자를 이어붙인 길이와 2 개의 자를 이어붙인 길이의 차이를 이용한다.

→ 평가표 :

2 가지 방법 모두 찾지 못함	0점
둘 중 하나의 방법만 설명함	4점
2 가지 방법 모두 설명함	6점

정답 및 해설

→ 정답 :

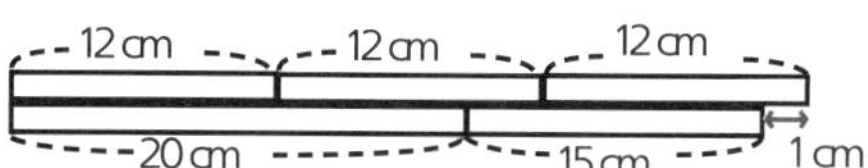

→ 해설 : 3 개의 자를 이어붙여 만든 길이와 2 개의 자를 이어붙여 만든 길이의 차를 통해 1 cm 를 만들 수 있다. 두 개의 자를 이어붙여 만들 수 있는 길이는 24, 27, 30, 32, 35, 40 (cm) 이며, 3 개의 자를 이어붙여 만든 길이는 이와 1 cm 의 차이가 나야하므로 3 개의 자를 이어붙여 만든 길이는 23, 25, 26, 28, 29, 31, 33, 34, 36, 39, 41 (cm) 중 하나이다. 이 중 3 개의 자를 이어붙여 만든 길이는 최소 36 cm 보다 크거나 같아야 하므로 3 개의 자를 이어붙여 만든 길이는 36, 39, 41 (cm) 중 하나이다. 41 은 12, 15, 20 으로 만들 수 없고, 36 = 12 + 12 + 12, 39 =12 + 12 + 15 이므로 1 cm 를 만들 수 있는 방법은 위의 그림에서와 같이 2 가지임을 알 수 있다.

문항 분석 및 평가표

→ 문항 분석 : 11 점의 문제로 얻은 점수를 빼고 남은 점수가 7 로 나누어 지는지 확인해 보자.

→ 평가표 :

정답 틀림	0점
정답 맞음	5점

정답 및 해설

→ 정답 : 알탐이

→ 해설 : 94 = 6 × 11 + 4 × 7 이므로 무한이는 11 점 배점의 문제 6 개, 7 점 배점의 문제 4 개를 맞았다. 마찬가지로 73 = 6× 11 + 1 × 7 이므로 상상이는 11점 배점의 문제 6 개와 7 점 배점의 문제 한 개를 맞았다. 그러나 52 는 7 로 나누어떨어지지 않고, 52 에 11의 배수를 뺀 값들 52− 11 = 41, 52 − 2 × 11 = 30, 52 − 3 × 11 = 19, 52 − 4 × 11 = 8 모두 7 로 나누어떨어지지 않는다. 따라서 52 는 11 점과 7 점의 배점의 문제로 얻을 수 없는 점수이다. 따라서 오류가 있는 점수는 알탐이의 점수이다.

문항 분석 및 평가표

→ 문항 분석 : 카드를 하나 선택한 후, 그 카드의 내용이 진실이라고 가정하고 각 카드의 내용이 다른 카드의 내용과 반대되지 않는지 알아보자

→ 평가표 :

정답 틀림	0점
정답 맞음	5점

정답 및 해설

→ 정답 : A, D

→ 해설 : ① A 카드의 내용이 진실이라고 하자. 그러면 C 카드 또는 D 카드의 내용이 거짓이다.

(a) C 카드의 내용이 거짓이라고 하면, B, E 카드의 내용이 거짓이므로 E 카드의 내용이 거짓이고 A 카드의 내용이 진실이 된다. E 카드의 내용이 거짓이면 A 카드의 내용이 진실이 되므로 A 카드의 내용은 진실일 수 있다.

(b) D 카드의 내용이 거짓이라고 하자. 그러면 C 카드의 내용이 진실이고 B 카드 또는 E 카드의 내용이 진실이다.

ⅰ) B 카드의 내용이 진실이면, E 카드의 내용이 진실이고 A 카드의 내용이 거짓이 되므로 모순이다.

ⅱ) E 카드의 내용이 진실이고 A 카드의 내용이 거짓이므로 모순이다.

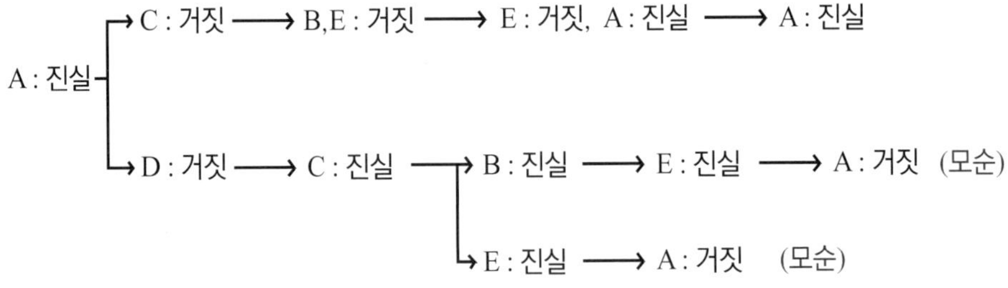

< A 카드의 내용이 진실인 경우 >

② A 카드의 내용이 거짓인 경우, C, D 카드의 내용이 진실이 되어, B 또는 E 카드의 내용이 진실이고, C 카드의 내용이 거짓이 되어 모순이다. 따라서 A 카드의 내용은 진실이다.

A : 거짓 → C,D : 진실 → B 또는 E 진실, C : 거짓 (모순)

< A 카드의 내용이 거짓인 경우 >

한편, <A 카드의 내용이 진실인 경우> 의 그림에서 D 카드의 내용이 거짓일 때, C 카드의 내용이 진실일 때, B 카드의 내용이 진실일 때, E 카드의 내용이 진실일 때, A 카드의 내용이 거짓이라는 결론을 얻는다. 이는 사실과 반대되므로 모순이다. 따라서 D 카드의 내용은 진실이고, B, C, E 카드의 내용이 거짓이다. 따라서 진실을 말하는 카드의 문자는 A, D 이다.

문 27 P. 85

문항 분석 및 평가표

⟶ 문항 분석 : 아래와 같이 보조선을 그었을 때, 정원의 오른쪽 모서리에 나타나는 두 사각형은 평행 사변형이고, 한 변의 길이가 2.8 cm 으로 서로 같다.

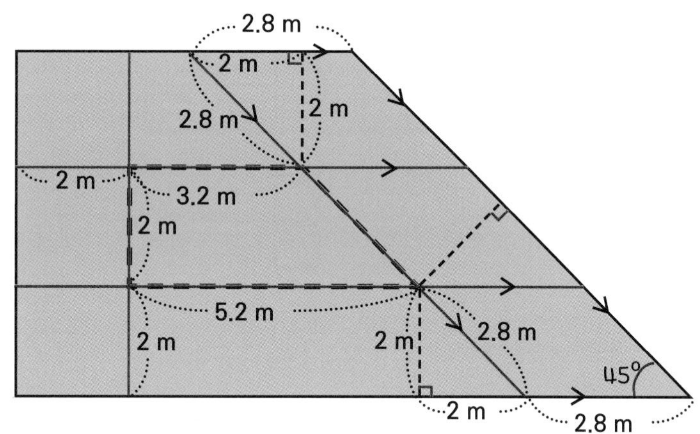

⟶ 평가표 :

정답 틀림	0점
정답 맞음	7점

정답 및 해설

⟶ 정답 : 8.4 m^2

⟶ 해설 : 위의 그림에서와같이 남은 정원 윗변의 길이는 원래 정원의 윗변의 길이보다 왼쪽에서 2 cm, 오른쪽에서 2.8 − 2 = 0.8 (m) 씩 감소하였다. 그러므로 남은 정원 윗변의 길이는 6 − 2 − 0.8 = 3.2 (m) 이다. 또한 남은 정원 밑변의 길이는 원래 정원의 밑변보다 왼쪽에서 2 cm, 오른쪽에서 2.8 + 2 = 4.8 (m) 씩 감소하였다. 따라서 남은 정원 밑변의 길이는 12 − 2 − 4.8 = 5.2 (m) 이다. 높이는 양 끝에서 2 cm 씩 감소하였으므로 남은 정원의 높이는 6 − 2 − 2 = 2 (m) 이다. 사다리꼴의 넓이 공식은 {(윗변의 길이) + (밑변의 길이)} × (높이) ÷2 이므로 남은 정원의 넓이는 (3.2 + 5.2) × 2 ÷ 2 = 8.4 (m^2) 이다.

문항 분석 및 평가표

⟶ 문항 분석 : 주어진 도형의 겉넓이는 (위, 정면과 뒷면 그리고 양 옆에서 봤을 때의 쌓기나무 면의 갯수) ×1 (cm^2) 이다.

⟶ 평가표 :

정답 틀림	0점
정답 맞음	5점

정답 및 해설

⟶ 정답 : 77 cm^2

⟶ 해설 : 쌓기 나무 블록의 앞에서 쌓기 나무 면의 개수를 세면 아래와 같이 쌓기 나무 블록의 한쪽 방향의 면의 개수를 알 수 있으며, 그 개수는 16 이다.

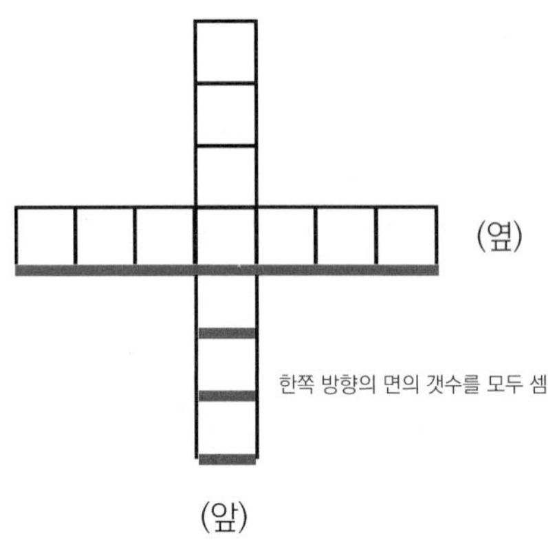

〈위에서 봤을 때〉

쌓기 나무 블록의 양옆과 뒤에서 쌓기 나무 면의 개수를 세면 나머지 방향의 면의 개수를 알 수 있고, 주어진 블록은 앞, 뒤, 양옆에서의 모습이 모두 같으므로 그 갯수는 4 × 16 이다.

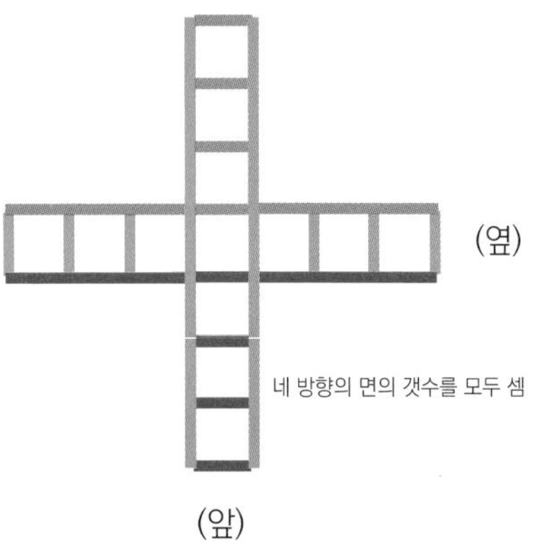

〈위에서 봤을 때〉

쌓기 나무 블록 표면의 면의 개수는 위에서 구한 네 방향에서의 면의 개수에 윗면의 면의 개수를 더해주어야 한다. 이는 13 개 이므로 전체 쌓기 나무 블럭 면의 개수의 총합은 $4 \times 16 + 13 = 77$ (개) 이다. 쌓기 나무 블록의 한 면의 넓이는 1 cm^2 이므로 구하려는 쌓기 나무 블록의 겉넓이는 77 cm^2 이다.

문항 분석 및 평가표

⟶ 문항 분석 : 주어진 수들은 두 번에 걸쳐 1 씩 더 감소하고 있다.

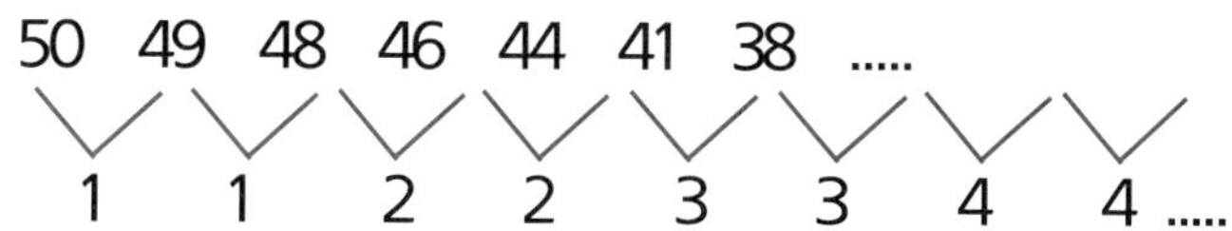

⟶ 평가표 :

정답 틀림	0점
정답 맞음	4점

정답 및 해설

⟶ 정답 : 50 으로부터 13 번째에 숫자 1 이 나타난다.

⟶ 해설 : 주어진 수들은 두 번에 걸쳐 1 씩 더 감소하고 있다. 12 번째까지 감소한 값은 2 × (1 + 2 + 3 + 4 + 5 + 6) = 42 이고, 13 번째에서 7 이 감소한다. 50 − 42 − 7 = 1 이므로 50 에서 49 가 감소하고 13 번째에 숫자 1 이 나타난다.

문항 분석 및 평가표

⟶ 문항 분석 : 디오판토스가 죽었을 당시의 나이를 x 라 두고 묘비의 내용을 식으로 나타내면 다음과 같다.

$$\frac{x}{6} + \frac{x}{12} + \frac{x}{7} + 5 + \frac{x}{2} + 4 = x$$

⟶ 평가표 :

정답 틀림	0점
정답 맞음	4점

정답 및 해설

⟶ 정답 : 84 (세)

⟶ 해설 : 디오판토스의 나이를 x 라 두고 묘비의 내용을 식으로 나타내면

$\frac{x}{6} + \frac{x}{12} + \frac{x}{7} + 5 + \frac{x}{2} + 4 = x$ 이다.

분모들의 최소 공배수 84 를 곱해주면 $14x + 7x + 12x + 420 + 42x + 336 = 84x$ 이고, $75x + 756 = 84x$ 이므로 $9x = 756$ 이다. 따라서 $x = 84$ 이고, 디오판토스가 죽을 당시의 나이는 84 세이다.

점수에 따른 성취도 등급

등급	1등급	2등급	3등급	4등급	5등급	총점
평가	40 점 이상	30 점 이상 ~ 39 점 이하	20 점 이상 ~ 29 점 이하	10 점 이상 ~ 19 점 이하	9 점 이하	52 점

4 창의적 문제해결력 4회

· 총 10 문제입니다. 각 평가표에 있는 기준별로 배점을 했습니다. / 단원 말미에서 성취도 등급을 확인하세요.

문 31
P. 88

문항 분석 및 평가표

⟶ 문항 분석 : 무한이 생일의 일수를 A 라 두고, 문제의 조건에 맞게 식을 세워보자.

⟶ 평가표 :

정답 틀림	0점
정답 맞음	4점

정답 및 해설

⟶ 정답 : 10 월 27 일

⟶ 해설 : 무한이 생일의 일수를 A 라 두면 상상이의 생일은 A + 24 이고, 두 생일을 연결한 선분과 만나는 날짜는 A + 8, A + 16 이다. 또한, 알탐이의 생일은 상상이의 생일의 2 일 후이므로 그 날짜는 A + 26 이다. 문제의 조건에 따라 식을 세우면 A + (A + 8) + (A + 16) + (A + 24) = (A + 24) + (A + 26) 이다. 이 식을 정리하면 4A + 48 = 2A + 50 이고, 2A = 2 이므로 A = 1 이다. 따라서 알탐이의 생일은 10 월 27 일이 된다.

문 32
P. 89

문항 분석 및 평가표

⟶ 문항 분석 : 2, 0, 0, 6, 1, 2, 0, 2 의 숫자들 양옆에 숫자들을 붙여보자.

⟶ 평가표 :

정답 틀림	0점
정답 맞음	5점

정답 및 해설

⟶ 정답 : 81 개

⟶ 해설 : 앞에서 만든 숫자는 제외하면서 왼쪽부터 2, 0, 0, 6, 1, 2, 0, 2 의 숫자들 양옆에 숫자들을 붙여 9 자리 숫자를 만들어 보자.

① 20061202 의 가장 왼쪽에 1 부터 9 까지의 숫자를 붙여 9 자리 숫자를 만들 수 있다.

② 20061202 의 가장 왼쪽의 2 와 그 옆의 0 사이에 숫자를 붙여 9 자리 숫자를 만들 수 있다. 이 때, 2 를 붙여 만든 220061202 는 ① 에서 20061202 의 가장 왼쪽에 2 를 붙여 만든것과 같은 숫자이므로 이를 제외한다.

③ 마찬가지 방법으로 20061202의 왼쪽에서 두 번째, 세 번째 숫자 사이에도 0 을 제외한 9 가지 숫자를 붙여 9 자리 숫자를 만들 수 있다.

④ 같은 방법을 반복하면 20061202 의 각 숫자들의 양옆에 각각 9 가지 숫자를 붙여 9 자리 숫자를 만들 수 있음을 알 수 있다.(숫자와 숫자 사이에는 0 에서 부터 9 까지의 10 가지 숫자를 붙일 수 있지만 앞에서 나온 숫자 하나를 제외해야 하므로 각각 9 가지 숫자를 붙일 수 있다.) 각각의 경우는 동시에 일어나지 않고, 20061202 의 숫자들에 다른 숫자를 붙일 공간은 총 9 곳이므로 총 81 개의 숫자를 만들 수 있음을 알 수 있다.

문 33 P. 89

문항 분석 및 평가표

⟶ 문항 분석 : ① 에 들어갈 값은 (8 + 7) × 10 + (8 − 7) 의 값이고, ② 에 들어갈 값은 $7^2 + 1$ 의 값이다.

⟶ 평가표 :

(1), (2) 의 정답 모두 틀림	0점
(1) 또는 (2) 의 정답 하나만 맞음	2점
(1), (2) 의 정답 모두 맞음	5점

정답 및 해설

⟶ 정답 : (1) 151, 연산의 결과로 얻어지는 수의 십의 자리는 ⊙ 양옆의 두 수를 더한 값이고 일의 자리는 두 수의 차이에 해당하는 수가 된다.

(2) 50, ▽ 앞의 수에 ▽ 뒤의 수의 제곱을 더한다.

⟶ 해설 : <ㄱ ⊙ ㄴ> = (ㄱ + ㄴ) × 10 + (ㄱ − ㄴ) 이고, <ㄷ ▽ ㄹ> = ㄷ + $ㄹ^2$ 이다. 따라서① 에 들어갈 값은 (8 + 7) × 10 + (8−7) = 151 이고, ② 에 들어갈 값은 $7^2 + 1 = 49 + 1 = 50$ 이다.

문 34 P. 90

문항 분석 및 평가표

⟶ 문항 분석 : 컨베이어 벨트와 원이 만나는 영역과 그렇지 않은 영역을 나누어 생각해보자.

⟶ 평가표 :

정답 틀림	0점
정답 맞음	5점

정답 및 해설

⟶ 정답 : 5.314 m^2

⟶ 해설 : 컨베이어 벨트와 원이 만나는 영역의 면적을 구해보자. 컨베이어 벨트와 원기둥이 만나는 영역은 컨베이어 벨트의 양 끝의 둥근 면이며 이 둘을 합치면 높이가 50 cm 이고. 반지름의 길이가 10 cm 인 원기둥의 옆면이 된다. 따라서 이 영역의 넓이는 50 × 2 × 10 × 3.14 = 3140 (cm^2) 이다. 컨베이어 벨트에서 이 둘의 영역을 빼면 밑변의 길이가 500 cm 이고 높이가 50 cm 인 직사각형 2 개가 남고, 이 면적은 500 × 50 × 2 = 50000 (cm^2) 이다. 컨베이어 벨트의 면적은 앞에서 구한 두 영역의 면적을 합한 것이므로 컨베이어 벨트의 면적은 3140 + 50000 = 53140 (cm^2) 이고, 이는 5.314 m^2 이다.

문항 분석 및 평가표

—> 문항 분석 : 4 개의 정사각형을 합쳐 하나의 정사각형을 만들면 전체 사각형의 개수는 3 (4 − 1) 만큼 감소하고, 9 개의 정사각형을 합쳐 하나의 정사각형을 만들 때 전체 사각형의 개수는 8 (9 − 1)만큼 감소한다.

—> 평가표 :

정답 틀림	0점
정답 맞음	5점

정답 및 해설

—> 정답 :

<table>
<tr><td colspan="2" rowspan="2">1</td><td>8</td><td colspan="2" rowspan="2">10</td></tr>
<tr><td>9</td></tr>
<tr><td>2</td><td>3</td><td colspan="3" rowspan="3">11</td></tr>
<tr><td>4</td><td>5</td></tr>
<tr><td>6</td><td>7</td></tr>
</table>

—> 해설 : 큰 정사각형의 각 변을 2, 3, 4, 5 등분한 후 작은 정사각형을 합쳐 11 개의 작은 정사각형을 만들어보자.

① 한 변의 길이가 5 cm 인 정사각형의 각 변을 각각 2 등분 3 등분한 경우
각각 4 개, 9 개의 크기가 같은 작은 정사각형을 얻는다. 이들을 합치면 정사각형의 갯수가 줄어드는데 11 은 4 와 9 보다 각각 크므로 이 경우는 불가능하다.

② 한 변의 길이가 5 cm 인 정사각형의 각 변을 4 등분한 경우
총 16 개의 작은 정사각형을 얻는다. 4 개의 정사각형을 합쳐 하나의 정사각형을 만들면 전체 사각형의 갯수는 3 (4 − 1) 만큼 감소하고, 9 개의 정사각형을 합쳐 하나의 정사각형을 만들 때 전체 사각형의 갯수는 8 (9 − 1) 만큼 감소한다. 그러나 16 에서 3, 8 씩 수를 줄여도 11 을 만들 수 없으므로 이 경우에 한 변의 길이가 5 cm 인 정사각형을 11 개의 작은 정사각형으로 나눌 수 없다.

③ 한변 의 길이가 5 cm 인 정사각형의 각 변을 5 등분한 경우
총 25 개의 작은 정사각형을 얻는다. 25 − 8 − 3 − 3 = 11 이므로 25 개의 작은 정사각형에서 9 개의 정사각형을 합쳐 하나의 정사각형을 만들고, 4 개의 정사각형을 두 번 모아 두 개의 정사각형을 만들면 한 변의 길이가 5 cm 인 정사각형을 11 개의 작은 정사각형으로 나눌 수 있다.

작은 정사각형의 길이는 1 cm 보다 커야 하므로, 더 큰수로 한 변의 길이가 5 cm 인 정사각형의 변을 나눌 수없다. 또한 정사각형들의 위치가 다르게 한 변의 길이가 5 cm 인 정사각형을 11 개의 작은 정사각형으로 나눌 수 있지만, 각 정사각형의 갯수와 크기가 각각 같은 것은 하나의 방법으로 생각하므로 한 변의 길이가 5 cm 인 정사각형을 11 개의 작은 정사각형으로 나누는 방법은 위의 그림과 같다.

문항 분석 및 평가표

→ 문항 분석 : 각 도형들을 순서대로 관찰하여 규칙을 알아보자.

→ 평가표 :

2 개의 정답 모두 틀림	0점
2 개의 정답 중 하나만 맞음	3점
2 개의 정답 모두 맞음	6점

정답 및 해설

→ 정답 : ① 규칙 1 : 시계 방향으로 각각 한 칸, 두 칸씩 이동하여 색이 칠해진다.
<도형 5> 에서 색칠된 칸의 숫자의 합 : 11

② 규칙 2: <도형 1> 에서 1 부터 시작하여 시계 방향으로 5 칸, 3 칸, 1 칸 시계 반대 방향으로 1 칸, 3 칸, 5 칸, 7 칸 ... 씩 이동하여 색이 칠해진다. 또한 <도형 1> 에서 4 부터 시작하여 시계 방향으로 4 칸,6 칸, 8 칸, 10 칸 ... 씩 이동하여 색이 칠해진다.
<도형 5> 에서 색칠된 칸의 숫자의 합 : 5

→ 해설 : ① <도형 1> 부터 <도형 4>의 색칠된 칸은 시계 방향으로 각각 한 칸, 두 칸씩 이동하며 색이 칠해졌다. 따라서 <도형 5> 에서 색칠된 칸은 5 와 6 이며, 그 합은 11 이 된다.

② <도형 1> 에서 1 부터 시작하여 시계 방향으로 5 칸, 3 칸, 1 칸 시계 반대 방향으로 1 칸, 3 칸, 5 칸, 7 칸 ... 씩 이동하여 색이 칠해진다. 또한 <도형 1> 에서 4 부터 시작하여 시계 방향으로 4 칸,6 칸, 8 칸, 10 칸 ... 씩 이동하여 색이 칠해진다. 따라서 <도형 5> 에서 색칠된 칸은 2, 3 이며, 그 합은 5 이다.

문항 분석 및 평가표

→ 문항 분석 : A 에서 G 까지가기 위해서 반드시 지나야 하는 점은 어디인지 살펴보자.

→ 평가표 :

정답 틀림	0점
정답 맞음	4점

정답 및 해설

→ 정답 : 8 가지

→ 해설 : A 에서 G 까지가기 위해서는 C 와 E 지점을 반드시 지나야 한다. A 에서 출발하여 C 까지 갈 수 있는 방법은 A → B → C, A → C 의 2 가지이며, C 에서 E 까지 갈 수 있는 방법은 C → D → E, C → E 의 2 가지이다. 또한 E 에서 G 까지 갈 수 있는 방법 E → G, E → F → G 의 2 가지이다. 따라서 A 에서 G 까지 갈 수 있는 방법은 총 2 × 2 × 2 = 8 (가지) 이다.

문 38
P. 94

문항 분석 및 평가표

→ 문항 분석 : 그림에서 가장 왼쪽에 있는 숫자들을 나열해보고 규칙성을 알아보자.

→ 평가표 :

정답 틀림	0점
정답 맞음	5점

정답및해설

→ 정답 : 64

→ 해설 : 125 가 위에서부터 몇 번째 줄에 나타는지 알기 위해선 각 줄의 첫 번째 수를 알아야 한다. 문제의 그림에서 각 줄의 첫 번째 수를 나열해보면 1, 2, 5, 14 이고 이는 전 숫자에 각각 1, 3, 9 를 더한 것이다. 그림에서 숫자 아래의 자손은 세 명 나타나므로 각 줄의 첫 번째 수는 줄이 바뀌면서 1, 3, 3 × 3 = 9, 3 ×3 ×3 = 27, 3 × 3 × 3 × 3 = 81 ... 씩의 값이 더해진다. 이러한 규칙을 따르면 14 다음의 수는 14 + 27 = 41 이고 41 다음의 수는 41 + 81 = 122 이다. 125 는 122 와 같은 줄에 있고, 41 은 122, 123, 124 조상이므로 42 가 125 의 조상이 된다. 따라서 125 의 모든 조상은 42 , 14, 5, 2, 1 이므로 이들의 합은 64 이다. 이를 그림으로 나타내면 아래와 같다.

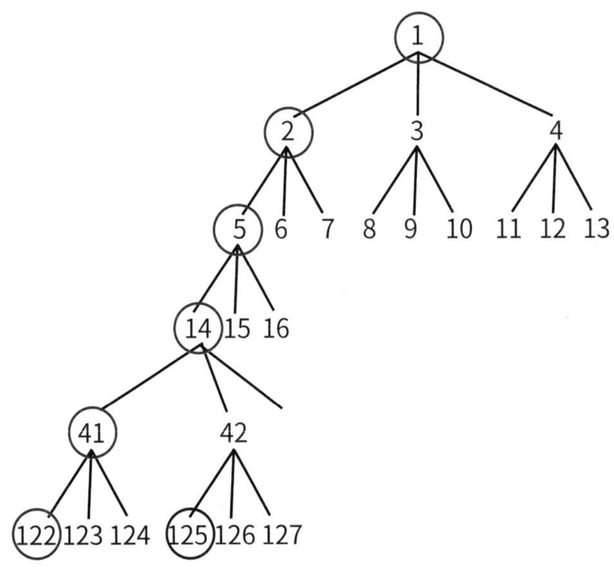

문항 분석및평가표

→ 문항 분석 : 큰 숫자를 중앙에 배치할수록 A 의 값이 커지고, 작은 숫자를 중앙에 배치할수록 A 의 값이 작아진다.

→ 평가표 :

정답 틀림	0점
정답 맞음	6점

정답및해설

→ 정답 : 최솟값 : 114, 최댓값 : 183

—> 해설 : 큰 숫자를 중앙에 배치할수록 A 의 값이 커지고, 작은 숫자를 중앙에 배치할수록 A 의 값이 작아진다. 따라서 1 을 가장 안쪽에 배치하고 8, 9, 10 을 모서리에 배치할 때 A 의 값은 최소가 되며 이때의 값은 19 + 12 + 10 + 8 + 21 + 14 + 10 + 6 + 14 = 114 이다. 반대로, 10 을 가장 안쪽에 배치하고 1, 2, 3 을 모서리에 배치할 때 A 의 값은 최대가 되면 이때의 값은 15 + 21 + 23 + 25 + 10 + 19 + 23 + 27 + 20 = 183 이다.

문항 분석 및 평가표

—> 문항 분석 : 한 변의 길이가 20 cm 인 정사각형을 밑면으로하여 나무상자를 차곡차곡 쌓을 때 가장 많은 나무 상자를 채울 수 있다.

—> 평가표 :

정답 틀림	0점
정답 맞음	7점

정답 및 해설

—> 정답 : 14 개

—> 해설 : 한 변의 길이가 20 cm 인 정사각형을 밑면으로 하여 나무상자를 차곡차곡 쌓아 보자. 이렇게 나무 상자를 한줄 쌓으면 6 개의 상자를 넣을 수 있고, 남은 공간의 단면은 높이와 밑변의 길이가 120 cm 인 직각이등변삼각형이 된다.

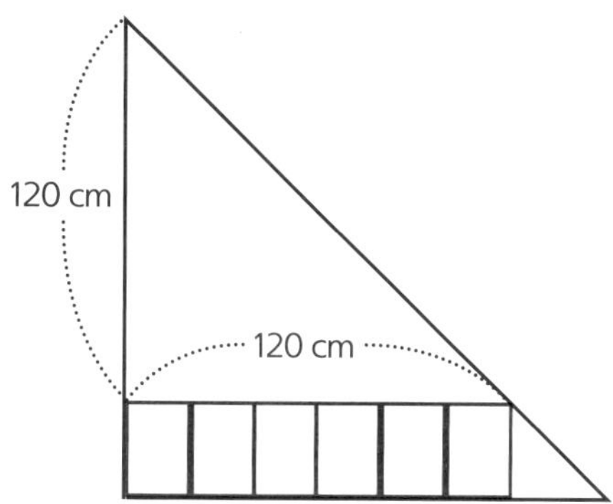

같은 방식으로 나무 상자를 한줄 더 쌓으면 4 개의 상자를 넣을 수 있고, 10 cm 의 길이가 남으며, 남은 공간의 단면은 높이와 밑변의 길이가 90 cm 인 직각이등변삼각형이 된다.

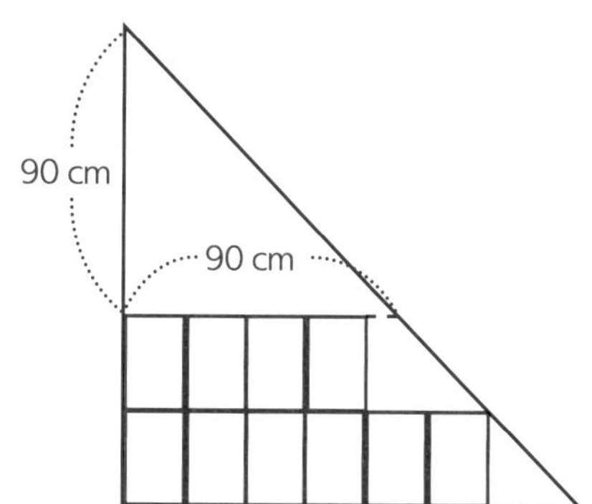

같은 방식으로 한 줄을 더 쌓으면 3 개의 상자를 넣을 수 있고, 남은 공간의 단면은 높이와 밑변의 길이가 60 cm 인 직각이등변삼각형이 된다.

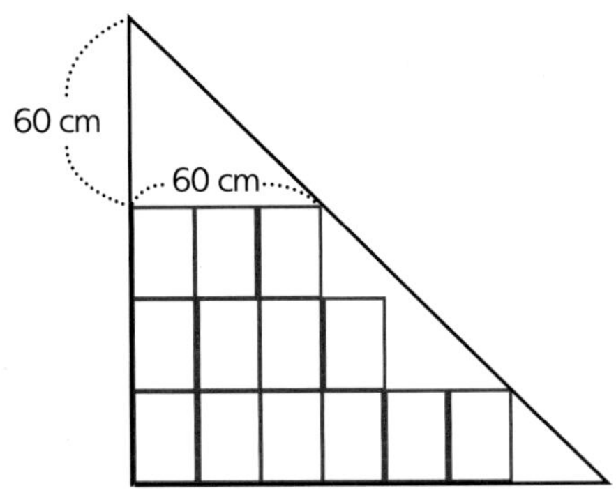

같은 방식으로 한 줄을 더 쌓으면 1 개의 상자를 넣을 수 있고, 남은 공간의 단면은 높이와 밑변의 길이가 30 cm 인 직각이등변삼각형이 된다.

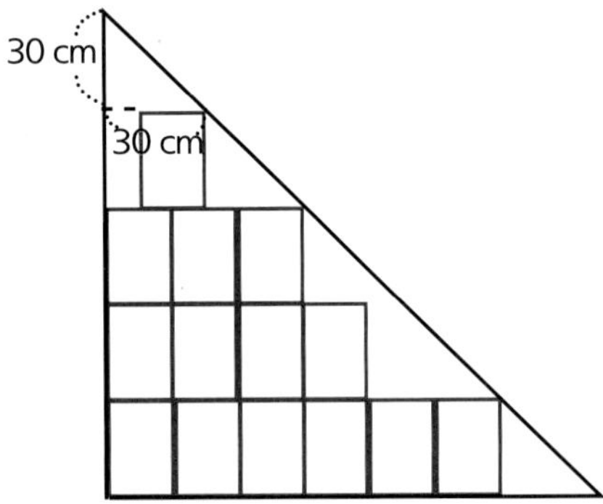

남은 공간에는 더이상 나무 상자를 넣을 수 없으므로 총 14 개의 나무 상자를 넣을 수 있다. 나무 상자 밑면이 변의 길이가 20 cm, 30 cm 인 직사각형이 되도록 나무 상자를 쌓는 경우는 위의 직각삼각형을 눕힌 것과 같으므로 이 때도 역시 14 개의 나무 상자를 넣을 수 있다.

점수에 따른 성취도 등급

등급	1등급	2등급	3등급	4등급	5등급	총점
평가	40 점 이상	30 점 이상 ~ 39 점 이하	20 점 이상 ~ 29 점 이하	10 점 이상 ~ 19 점 이하	9 점 이하	52 점

4 창의적 문제해결력 5회

· 총 10 문제입니다. 각 평가표에 있는 기준별로 배점을 했습니다. / 단원 말미에서 성취도 등급을 확인하세요.

문항 분석 및 평가표

⟶ 문항 분석 : 10 번만에 A 지점에서 B 지점을 거쳐 C 지점으로 가려면 A 지점에서 B 지점까지는 6 번 만에, B 지점에서 C 지점까지는 4 번 만에 이동해야한다.

⟶ 평가표 :

정답 틀림	0점
정답 맞음	4점

정답 및 해설

⟶ 정답 : 6 가지

⟶ 해설 : A 지점에서 C 지점까지 10 번만 이동해서 가려면 A 지점에서 B 지점까지 6 번, B 지점에서 C 지점까지 4 번 만에 이동해야 한다. A 지점에서 B 지점까지 이동하려면 최소 6 번은 이동해야 하고, B 지점에서 C 지점까지 이동하기 위해서는 최소 4 번은 이동해야 하므로 다른 경우는 10 번을 초과한다. 아래의 그림에서와같이 A 지점에서 B 지점까지 6 번 만에 가는 방법은 3 가지이고, B 지점에서 C 지점까지 4 번 만에 이동하는 방법은 2 가지이다. 따라서 10 번만에 A 지점에서 B 지점을 거쳐 C 지점으로 갈 수 방법은 총 6 가지이다.

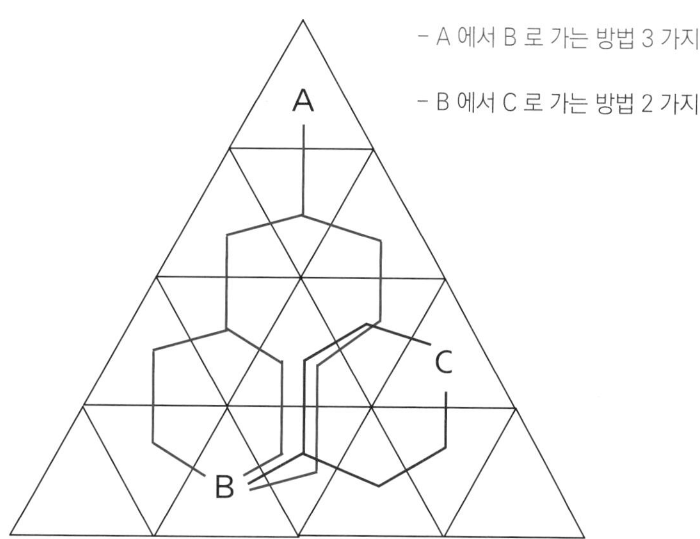

문항 분석 및 평가표

⟶ 문항 분석 : 6 번 만에 ☆ 로 표시된 위치까지 가는 길을 생각해 보자.

⟶ 평가표 :

정답 틀림	0점
정답 맞음	6점

정답 및 해설

⟶ 정답 : D → E → I → J → L → ☆

⟶ 해설 :
주사위를 6 번 굴려서 ☆로 표시된 위치에 도착할 수 있는 길은

(출발점) → D → H → I → J → L → ☆ (☆ 로 표시된 위치에 도착했을 때, 주사위 맨 위의 눈 : 3)

(출발점) → D → E → I → J → L → ☆ (☆ 로 표시된 위치에 도착했을 때, 주사위 맨 위의 눈 : 1)

(출발점) → D → E → F → J → L → ☆ (☆ 로 표시된 위치에 도착했을 때, 주사위 맨 위의 눈 : 3)

(출발점) → A → E → I → J → L → ☆ (☆ 로 표시된 위치에 도착했을 때, 주사위 맨 위의 눈 : 4)

(출발점) → A → E → F → J → L → ☆ (☆ 로 표시된 위치에 도착했을 때, 주사위 맨 위의 눈 : 2)

(출발점) → A → B → F → J → L → ☆ (☆ 로 표시된 위치에 도착했을 때, 주사위 맨 위의 눈 : 3)

로 총 여섯 가지이다. 이 중에서 ☆ 로 표시된 위치에 도착했을 때, 주사위 맨 위의 눈이 한 개인 길은 오직 D → E → I → J → L → ☆ 뿐이다.

문항 분석 및 평가표

⟶ 문항 분석 : 1 부터 45 까지의 숫자를 순서대로 서로 다른 세 자연수의 곱으로 나타내어 보자.

⟶ 평가표 :

정답 틀림	0점
정답 맞음	5점

정답 및 해설

⟶ 정답 : 24 세, 30 세, 36 세, 40 세, 42 세

⟶ 해설 : 1 부터 45 까지의 숫자를 순서대로 서로 다른 세 자연수의 곱으로 나타내어 보자.

① 1 은 1 × 1 로 밖에 나타낼 수 없고, 2 는 2 × 1 로 밖에 나타낼 수 없으므로 서로 다른 세 자연수의 곱으로 나타낼 수 없다. 이와 같이 1 과 자기 자신만을 약수로 갖는 수를 소수라 하는데, 1 부터 45 이하의 소수 2, 3, 5 , 7, 11, 13, 17, 19, 23, 29, 31, 37, 41, 43 은 오디션 참가자의 나이가 될 수 없다.

② 4 는 1 × 4 , 2 × 2 로 밖에 나타낼 수 없으므로 서로 다른 세 자연수의 곱으로 나타낼 수 없다. 이와 비슷하게 4, 8, 25 는 오디션 참가자의 나이가 될 수 없다.

③ 6 을 서로 다른 세 자연수의 곱으로 나타내는 방법은 1 × 2 × 3 의 한 가지 방법뿐이고, 8 을 서로 다른 세 자연수의 곱으로 나타내는 방법은 1 × 2 × 4 의 한 가지 방법뿐이다. 이와 비슷하게 6, 8, 10, 14, 15, 21, 22, 26, 27, 34, 35, 38, 39 은 오디션 참가자의 나이가 될 수 없다.

④ 12 를 서로 다른 세 자연수의 곱으로 나타내는 방법은 1 × 3 × 4 와 1 × 2 × 6 의 두 가지 방법뿐이므로 12 는 오디션 참가자의 나이가 될 수 없다. 이와 비슷하게 18 , 20, 28, 44, 45 는 오디션 참가자의 나이가 될 수 없다.

⑤ 16 을 서로 다른 세 자연수의 곱으로 나타내는 방법은 1 × 2 × 8 의 한 가지 방법뿐이므로 16 은 오디션 참가자의 나이가 될 수 없다.

⑥ 24 를 서로 다른 세 자연수의 곱으로 나타내는 방법은 4 가지이고 이는 아래와 같다.

1 ×2 × 12, 1 × 3× 8, 1 × 4 × 6, 2 × 3 × 4

30 을 서로 다른 세 자연수의 곱으로 나타내는 방법은 4 가지이고 이는 아래와 같다.

1 × 2 × 15 , 1 × 3 × 10 , 1 × 5 × 6 , 2 × 3 × 5

36 을 서로 다른 세 자연수의 곱으로 나타내는 방법은 4 가지이고 이는 아래와 같다.

1 × 2 × 18, 1 × 3 × 12, 1 × 4 × 9, 2 × 3 × 6

40 를 서로 다른 세 자연수의 곱으로 나타내는 방법은 4 가지이고 이는 아래와 같다.

1 ×2 × 20, 1 × 4 × 10, 1 × 5 × 8, 2 × 4 × 5

42 을 서로 다른 세 자연수의 곱으로 나타내는 방법은 4 가지이고 이는 아래와 같다.

1 × 2 × 21 , 1 × 3 × 14 , 1 × 6 × 7 , 2 × 3 × 7

따라서 오디션 참가자의 나이를 적은 나이부터 순서대로 나열하면 24 세 30 세 36 세 40 세 42 세이다.

문 44

P. 99

문항 분석 및 평가표

⟶ 문항 분석 : 496 = 16 × 31 이므로 더해서 31 이 되는 수들을 찾아보고, 이들을 8 개씩 나누면 각자의 카드들에 적힌 숫자들의 합은 8 × 31 로 같게 된다.

⟶ 평가표 :

정답 틀림	0점
정답 맞음	6점

정답 및 해설

⟶ 정답 : A = 8, B = 23

⟶ 해설 : 496 = 16 × 31 이므로 더해서 31 이 되는 수의 쌍을 찾아보고, 이들 중 연속되는 8 개를 적절히 빼면 뺀 카드와 나머지 카드의 합이 8 × 31 로 같게 된다. 31 = 1 + 30 = 2 + 29 = 3 + 28 = 4 + 27 = 5 + 26 = 6 + 25 = 7 + 24 = 8 + 23 이다. 따라서 (1, 30), (2, 29), (3, 28) , (4, 27), (5, 26), (6, 25), (7, 24) 의 7 개의 쌍의 카드에 31 이 적혀있는 카드를 가지고 있으면 이 카드에 적힌 숫자들의 합은 31 이 8 번 더해진 값이 된다. 상상이의 카드에 적혀있는 숫자가 1 부터 7 까지의 숫자와 24 부터 31까지의 숫자라면, 상상이가 가지고 있는 카드에 적혀있는 숫자의 합은 8 × 31 이 되므로 각자의 카드들에 적힌 숫자들의 합이 서로 같게 된다. 따라서 무한이는 8 부터 23 까지의 숫자가 적혀있는 카드를 가져갔다.

문항 분석 및 평가표

⟶ 문항 분석 : 상상이가 5 회에서 0, 4, 7,1 를 말했을 때, 상상이가 맞힌 갯수는 0 개이므로 0, 4, 7, 1 은 무한이가 고른 숫자가 아니다.

⟶ 평가표 :

정답 틀림	0점
정답 맞음	5점

정답 및 해설

⟶ 정답 : 2, 5, 6, 9

⟶ 해설 : 상상이가 5 회에서 0, 4, 7, 1 를 말했을 때, 상상이가 맞힌 갯수는 0 개이므로 0, 4, 7, 1 은 무한이가 고른 숫자가 아니다. 그러면 1 회의 결과에 따라 2, 3, 6 중에 무한이가 고른 숫자가 2 개 있다.

① 무한이가 2, 3 을 고른 경우

무한이가 고른 숫자가 2, 3 인 경우 1 회의 결과에 따라 6 은 무한이가 고른 숫자가 아니다. 그러면 2 회의 결과에 따라 5 와 8 은 무한이가 고른 숫자가 된다. 이는 4 회의 결과에 모순되므로 무한이가 고른 숫자는 2, 3 일 수 없다.

② 무한이가 3, 6 을 고른 경우

무한이가 고른 숫자가 3, 6 인 경우 1 회의 결과에 따라 2 는 무한이가 고른 숫자가 아니다. 그러면 2, 3, 4 회의 결과에 따라 무한이는 5 와 8 중에 하나의 수, 5 와 9 중에 하나의 수, 8 과 9 중에 하나의 수를 골랐다. 무한이가 5 를 골랐다면 무한이는 8 과 9 중에 하나의 수를 골랐다. 그러나 무한이가 5 를 골랐으므로 이는 무한이가 5 와 8, 5 와 9 중에 하나의 수를 골랐다는 가정에 모순된다. 무한이가 8 또는 9 를 골랐을 때도 마찬가지로 모순이 생기므로 무한이가 고른 숫자는 3, 6 이 아니다.

따라서 무한이는 2, 6 을 골랐다. 무한이가 2, 6 을 고른 경우 1 회의 결과에 따라 3 은 무한이가 고른 숫자가 아니다. 그러면 4 회의 결과에 따라 5 와 9 는 무한이가 고른 숫자이다. 따라서 무한이가 고른 4 개의 숫자는 2, 5, 6, 9 이다.

문항 분석 및 평가표

⟶ 문항 분석 : 각 층의 세수의 합은 사면체의 꼭대기 값과 같다. 층이 올라가면서 가장 왼쪽의 수는 3 씩 감소하고, 중간의 수는 2 씩 곱해지고 있다.

⟶ 평가표 :

정답 틀림	0점
정답 맞음	7점

정답 및 해설

⟶ 정답 : 24

⟶ 해설 : 각 층의 세수의 합은 각각 같으므로 새로운 사면체에서 각 층의 세 수의 합은 $12 + 5 + 33 = 50$ 이다. 사면체의 층이 올라가면서 가장 왼쪽의 수는 3 씩 감소하고, 중간의 수는 2 씩 곱해지므로 아래서부터 2 층의 가장 왼쪽의 수는 $12 - 3 - 3 = 6$ 이고, 중간의 수는 $5 \times 2 \times 2 = 20$ 이다. 각 층의 숫자들을 더한 값은 50 이므로 6 과 20 그리고 빈칸안의 숫자를 더한 값은 50 이다. 따라서 빈칸 안의 값은 24 이다.

문항 분석 및 평가표

⟶ 문항 분석 : 한 선분의 양끝에 적힌 숫자들과 선분과 선분이 만나는 곳에 적힌 숫자와의 관계를 생각해 보자.

⟶ 평가표 :

정답 틀림	0점
정답 맞음	5점

정답 및 해설

→ 정답 : 77

→ 해설 : 선분과 선분이 만나는 곳에 적힌 숫자의 십의 자리 숫자는 왼쪽 위에서 오른쪽 아래로 이어지는 선분의 양 끝의 수의 합이다. 따라서 빈칸의 십의 자리 숫자는 7 이다. 선분과 선분이 만나는 곳에 적힌 숫자의 일의 자리 숫자는 오른쪽 위에서 왼쪽 아래로 이어지는 선분의 양 끝의 수의 중간값이다. 따라서 빈칸의 일의 자리 숫자는 7 이 되고, 빈칸의 숫자는 77 이 된다.

문항 분석 및 평가표

→ 문항 분석 : 다른 점과 이어진 선분의 개수를 살펴보자.

→ 평가표 :

정답 틀림	0점
정답 맞음	5점

정답 및 해설

→ 정답 : A : 6, B : 5, C : 2, D : 3, E : 4, F : 1

→ 해설 : <그림 1> 과 <그림 2> 에서 다른 점과 이어진 선분의 갯수가 한 개인 점은 1 과 F 뿐이므로 F 에 해당하는 숫자는 1 이다. F 와 연결된 점은 A 이고, 1 과 연결된 점은 6 이므로 A 에 해당하는 숫자는 6 이다. A 와 연결된 점은 B, D 이고 다른 점과 이어진 선분의 개수는 각각 두 개와 세 개이다. <그림 2> 에서 6 과 연결된 점은 5, 3 이고, 다른 점과 이어진 선분의 개수는 각각 두 개와 세 개이다. 따라서 B 에 해당하는 숫자는 5, D 에 해당하는 숫자는 3 이다. 그러면 5 와 연결된 4 는 B 와 연결된 E 에 해당하는 숫자이고, 3 과 4 에 연결된 2 는 D 와 E 에 연결된 C 에 해당하는 수이다.

문항 분석 및 평가표

→ 문항 분석 : 다른 점과 이어진 선분의 개수를 살펴보자.

→ 평가표 :

정답 틀림	0점
정답 맞음	4점

정답 및 해설

→ 정답 : A : 2, B : 5, C : 3, D : 4, E : 1, F : 6

→ 해설 : <그림 1> 과 <그림 2> 에서 다른 점과 이어진 선분의 개수가 한 개인 점은 1 과 E 뿐이므로 E 에 해당하는 숫자는 1 이다. E 와 연결된 점은 B 이고, 1 과 연결된 점은 5 이므로 B 에 해당하는 숫자는 5 이다. B 와 연결된 점은 A, D, F 이고 <그림 2> 에서 5 와 연결된 점은 2, 4, 6 이다. 이 중 다른 점과 이어진 선분의 개수가 세 개인점은 4 와 D 뿐이므로 D 에 해당하는 숫자는 4 이다. 2 는 4, 5 와 연결되어 있고, A 는 D, B 와 연결되어 있으므로 2 는 A 에 해당하는 숫자이다. B 와 5 에 연결된 수에서 남는 기호와 문자는 F 와 6 이므로 F 에 해당하는 숫자는 6 이다. 따라서 C 에 해당하는 숫자는 3 이다.

문 50
P.105

문항 분석 및 평가표

⟶ 문항 분석 : 한 줄의 길이를 특정한 숫자로 놓고 넓이를 비교해 보자.

⟶ 평가표 :

정답 틀림	0점
정답 맞음	5점

정답 및 해설

⟶ 정답 : 정삼각형, 정사각형, 정육각형

⟶ 해설 : 3, 4, 6 의 최소 공배수는 12 이다. 12 의 배수를 줄의 길이로 두면 각 도형의 한 변의 길이에 분수나 소수가 나타나지 않으므로 계산에 편리하다. 12 의 배수 중 계산이 용이한 60 을 택하자. 한 줄의 길이를 60 cm 라 두고, 세 도형의 넓이를 비교해 보자. 줄의 길이를 60 cm 라 두면 정삼각형, 정사각형, 정육각형의 한 변의 길이는 각각 20 cm , 15 cm, 10 cm 이다. 한 변의 길이가 20 cm 인 정삼각형의 높이는 20 × 0.85 = 17 cm 이므로 하나의 줄로 만든 정삼각형의 넓이는 170 cm^2 이다. 한 변의 길이가 15 cm 인 정사각형은 밑변과 높이가 모두 15 cm 이므로 그 넓이는 15 × 15 = 225 cm^2 이다. 정육각형은 넓이는 한 변의 길이가 10 cm 인 정삼각형의 넓이의 6 배와 같다. 한 변의 길이가 10 cm 인 정삼각형의 높이는 10 × 0.85 = 8.5 cm 이므로 그 넓이는 44.5 cm^2 이다. 따라서 하나의 줄로 만든 정오각형의 넓이는 44.5 ×6 = 267 cm^2 이다. 따라서 넓이가 작은 도형부터 순서대로 나열하면 정삼각형, 정사각형, 정육각형이다.

점수에 따른 성취도 등급

등급	1등급	2등급	3등급	4등급	5등급	총점
평가	40 점 이상	30 점 이상 ~ 39 점 이하	20 점 이상 ~ 29 점 이하	10 점 이상 ~ 19 점 이하	9 점 이하	52 점

5 STEAM (융합 문제)

· 총 12 문제입니다. 각 평가표에 있는 기준별로 배점을 했습니다. / 단원 말미에서 성취도 등급을 확인하세요.

문항 분석 및 평가표

⟶ 문항 분석 : 가로 선의 개수가 한 개일 때부터 가로 선을 늘려가면서 사다리를 살펴보자.

⟶ 평가표 :

(1)

기준	배점
타당한 이유를 제시하지 못함	0점
타당한 이유를 제시함	6점

(2)

기준	배점
정답 틀림	0점
정답 맞음	4점

정답 및 해설

⟶ 정답 : (1) 없다. 사다리의 가로 선은 서로의 위치를 바꾸는 역할만 하므로 아무리 가로 선을 많이 그어도 학생들은 서로 다른 구역을 청소하게 된다.

(2) 각각의 모임은 서로 다른 모임과 정확히 하나씩 맞대응 된다.

⟶ 해설 : (1) 그러한 사다리를 그릴 수 없다. 그 이유는 아래와 같다. <자료 2> 의 사다리는 아래와 같이 6 개의 사다리를 이어 붙인 것이라 볼 수 있다.

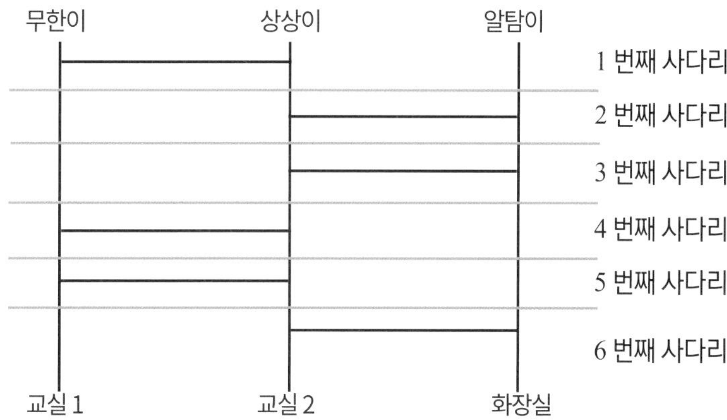

첫 번째 사다리를 살펴보자.

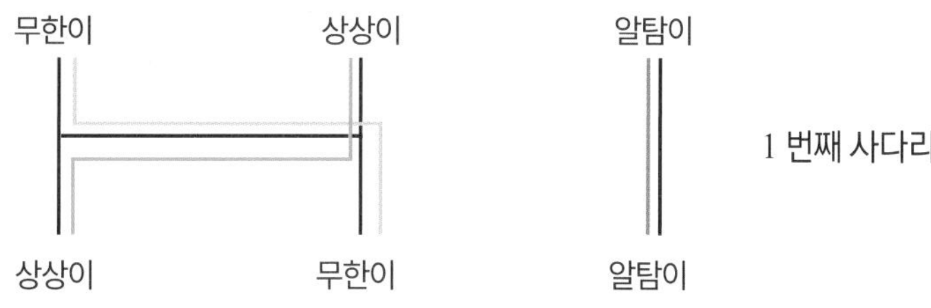

첫 번째 사다리를 타서 두 번째 사다리에 도착했을 때, 무한이와 상상이, 알탐이는 두 번째 사다리의 서로 다른 곳에 위치한다. 이 때, 무한이와 상상이의 위치가 바뀌게 된다. 즉, 사다리 타기에서 가로 선이 있는 경우 가로 선은 두 사람의 경로를 바꾸는 역할을 함을 알 수 있다. 두 사람의 경로는 서로 바뀌므로 두 사람은 같은 곳에 도착하지 않는다. 마찬가지로 두 번째 사다리에서 출발하여 세 번째 사다리에 도착했을 때, 세 사람은 서로 다른 곳에 있게 된다.

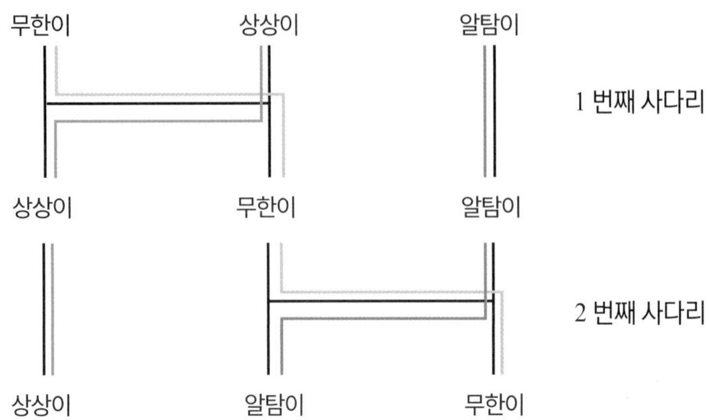

이와 같은 과정을 반복하면 다섯 번째 사다리에서 출발하여 여섯 번째 사다리에 도착했을 때, 세 사람은 서로 다른 곳에 있음을 알 수 있다. 따라서 무한이, 상상이, 알탐이는 서로 다른 청소 구역을 청소하게 된다.

(2) 무한이, 상상이, 알탐이는 교실 1, 교실 2, 화장실과 정확히 하나씩 맞대응 된다.

① 목에 걸린 동물의 어금니 하나는 자기가 잡았던 동물과 정확히 하나씩 맞대응 된다.

② 미혼여성의 나이와 놋쇠 목걸이는 정확히 하나씩 맞대응 된다.

③ 손님들이 마신 술잔의 수와 석판 위에 표시한 분필은 정확히 하나씩 맞대응 된다.

문항 분석 및 평가표

→ 문항 분석 : 사건이 나타날 수 있는 경우를 나열해 보자

→ 평가표 :

(1)

타당한 이유를 제시하지 못함	0점
타당한 이유를 제시함	4점

(2)

정답 틀림	0점
정답 맞음	6점

정답 및 해설

→ 정답 : (1) $\frac{4}{7}$ (2) 가와 나는 남은 돈을 11 : 5 로 나누어야 한다.

→ 해설 : (1) 세 명의 아이 중에서 딸이 있는 경우는 (딸, 아들, 아들), (아들, 딸, 아들), (아들, 아들, 딸), (딸, 딸, 아들), (딸, 아들, 딸), (아들, 딸, 딸), (딸, 딸, 딸) 의 7 가지 경우이다. 이 중 둘째 아이가 딸인 경우는 (딸, 딸, 딸), (아들, 딸, 딸), (딸, 딸, 아들), (아들, 딸, 아들) 의 네 가지 경우이므로 구하려는 확률의 값은 $\frac{4}{7}$ 이다.

(2) 4 경기를 하고 나면 승자와 패자가 반드시 결정되므로 4 경기를 진행했을 때 나타날 수 있는 경우의 수만 살펴보면 된다. '가' 가 이기면 ㉮, '나' 가 이기면 ㉯ 라고 쓰면 게임을 계속했을 때 나타날 수 있는 경우의 수는 다음과 같다.

㉮㉮㉮㉮ ㉯㉮㉮㉮ ㉮㉯㉮㉮ ㉮㉮㉯㉮ ㉮㉮㉮㉯

㉮㉮㉯㉯ ㉮㉯㉮㉯ ㉮㉯㉯㉮ ㉯㉮㉮㉯ ㉯㉮㉯㉮

㉯㉯㉮㉮ ㉮㉯㉯㉯ ㉯㉮㉯㉯ ㉯㉯㉮㉯ ㉯㉯㉯㉮

㉯㉯㉯㉯

위의 16 가지 경우 중에서 '가' 가 승리하는 경우는 밑줄 친 11 가지이다. 따라서 남은 돈은 가와 나가 11 : 5 로 나누어야 한다.

문항 분석 및 평가표

⟶ 문항 분석 : 사건이 나타날 수 있는 경우를 나열해 보자

⟶ 평가표 :

(1)

타당한 이유를 제시하지 못함	0점
타당한 이유를 제시함	6점

(2)

3 개 이상의 방법을 제시하지 못함	0점
3 개 이상의 방법을 제시함	4점

정답 및 해설

⟶ 정답 : (1) 방법 1) 아킬레스가 처음 1000 m 를 따라잡을 때까지 100 초가 걸렸으므로 그 다음 1 m 를 따라잡는 데 까지는 100/1000 = 0.1 초가 걸렸을 것이다. 그 다음 1/1000 m 를 따라잡는 데 걸린 시간은 0.1/1000 = 0.0001 초일 것이다. 따라서 제논의 논의에 걸린 시간을 전부 더하면 다음과 같다.

100 초 + 0.1 초 + 0.0001 초 + 0.0000001 초 + 0.0000000001 초 + ...

이 숫자들을 아래쪽과 같이 계산해 보면 모두 해서 100.1001001001 ... 초임을 알 수 있다.

$$\begin{array}{l} 100 \\ \quad 0.1 \\ \quad 0.0001 \\ \quad 0.0000001 \\ \quad 0.0000000001 \\ + \quad \ldots \\ \hline 100.1001001001\ldots \end{array}$$

100.1001001001 ... 초는 101 초보다 작으므로 101 초 때 아킬레스는 거북이 보다 앞서있다. 따라서 제논의 역설은 올바르지 않다.

방법 2) 아킬레스가 1000 m 를 가는데 100 초가 걸렸으므로 아킬레스의 속도는 10 m/s 이고, 1500 m 를 가는데까지 150 초의 시간이 걸린다. 또한 아킬레스의 속도는 거북이의 속도보다 1000 배 빠르므로 거북이의 속도는 0.01 m/s 이고, 150 초 동안 1.5 m 를 이동하였다. 출발점으로부터 거리는 아킬레스가 1500 m 이고, 거북이가 1001.5 m 이므로 아킬레스가 거북이보다 앞에 있다. 따라서 제논의 역설은 올바르지 않다.

(2) ① 나무 그늘, 지형 가림막 등을 설치하여 거북이 알의 부화 온도를 낮춘다.

② 교배 시기를 조절하여 거북이 알의 부화 시기를 온도가 낮은 연초로 앞당긴다.

③ 기존에 있는 수컷 거북이들의 관리를 철저히 하여 알을 많이 낳을 수 있게 한다.

⟶ 해설 : (2) ①, ② 거북이 알의 부화 온도를 낮추면 수컷 거북들을 많이 태어나게 할 수 있다. 이는 성비를 맞춰 주어 거북이들의 번식에 도움을 준다.

③ 기존에 있는 수컷 거북이들의 관리를 철저히 하여 거북이의 성비를 맞춰주면 거북이들의 번식에 도움을 줄 수 있다.

문항 분석 및 평가표

⟶ 문항 분석 : 사건이 나타날 수 있는 경우를 나열해 보자

⟶ 평가표 :

(1)

이유를 제시하지 않음	0점
하나의 이유만 제시함	2점
두 개의 이유를 모두 제시함	4점

(2)

설명과 주의점을 모두 제시하지 못함	0점
주의점만 제시함	2점
설명만 제시함	4점
설명과 주의점을 모두 제시함	6점

정답 및 해설

⟶ 정답 : (1) 두 명 모두 옳지 않다.

· 알탐이의 생각이 옳지 않은 이유 : 알탐이는 전체 선생님의 비율만 보고 3 학년 1, 2, 3 반 선생님들 의 성별을 판단했지만 실제로 모두 여자이거나 모두 남자인 경우 등이 있으므로 알탐이의 생각은 옳지 않다.

· 영재의 생각이 옳지 않은 이유 : 영재는 비가 올 확률이 50 % 보다 더 높다는 근거로 비가 올 것이라고 확신했지만 실제로 비가 내리지 않을 수 있다.

(2) 전체 여학생의 입학률은 $\frac{5}{9}$ 로 전체 남학생의 입학률 $\frac{4}{10}$ 보다 낮다. 그러나 학과 1 과 학과 2 에서는 여학생의 입학률과 남학생의 입학률이 각각 $\frac{2}{5} > \frac{1}{3}$, $\frac{3}{4} > \frac{5}{7}$ 이므로 여학생이 남학생보다 높은 입학률을 보인다. 따라서 '부분' 에서 성립한 대소 관계가 그 부분들을 종합한 '전체' 에 대해서는 성립하지 않을 수 있음을 주의해야 한다.

문항 분석 및 평가표

⟶ 문항 분석 : 한 변의 길이가 1 cm 인 정사각형을 1 개, 3 개, 5 개, ... , 71 개로 나누고 이들을 다양하게 붙여보면서 직사각형을 만들어 보자.

⟶ 평가표 :

(1)

정답 틀림	0점
정답 맞음	6점

(2)

방법을 제시하지 못함	0점
방법을 제시함	4점

⟶ 정답 : (1) 8595 (2) 1296

⟶ 해설 : (1) 방법 1) 51 부터 140 까지의 숫자를 아래와 같이 줄을 나눠 쓴 다음에 세로로 숫자를 더하면 그 값이 191 로 모두 같다.

$$\begin{array}{r} 51 + 52 + 53 + 54 + 53 + \ldots\ldots + 95 \\ + 140 + 139 + 138 + 137 + 136 + \ldots\ldots + 96 \\ \hline 191 + 191 + 191 + 191 + 191 + \ldots\ldots + 191 \end{array}$$

51 부터 95 까지의 개수는 95 − 51 + 1 = 45 이므로 51 부터 140 까지의 합은 191 × 45 = 8595 와 같다.

방법 2) <자료 1> 의 방법을 이용하여 1 부터 140 까지의 합을 구한 후 1 부터 50 까지 더한 값을 빼면 51 부터 140 까지의 합을 구할 수 있다. <자료 1> 의 방법을 적용하면 1 부터 140 까지의 합은 141 × 70 = 9870 이고, 1 부터 50 까지의 합은 51 × 25 = 1275 이다. 따라서 1 부터 140 까지의 합은 9870 − 1275 = 8595 이다.

(2) ① 아래와 같이 한 변의 길이가 1 cm 인 정사각형 1 개, 3 개, 5 개, … , 72 개를 아래와 같이 붙이면 총 36 개의 도형을 얻을 수 있다.

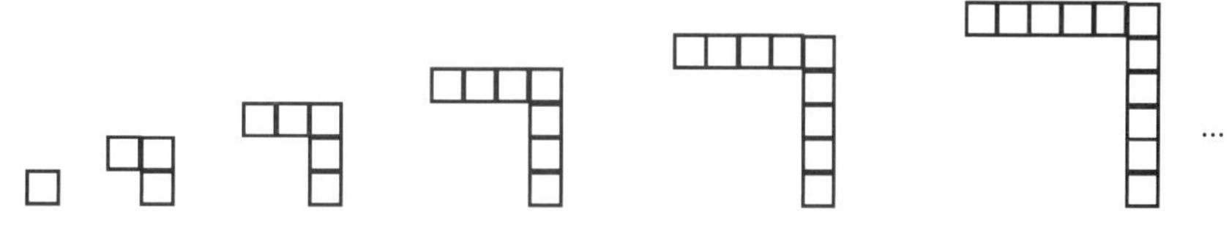

② 위 도형을 하나씩 붙이면 아래와 같이 정사각형을 얻을 수 있다. 붙인 정사각형의 한 변의 길이는 붙인 도형의 수(cm)와 같다.

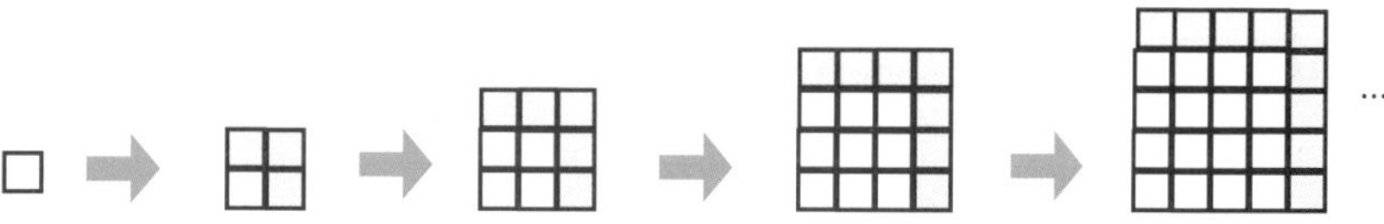

따라서 36 개의 도형을 모두 합치면 한 변의 길이가 36 cm 인 정사각형을 얻을 수 있고, 이 도형의 넓이는 36 × 36 = 1296 cm^2 이다. 이 넓이는 ① 에서 만든 각 도형의 넓이의 합과 같으므로 (1 + 3 + … + 71) cm^2 와 같다. 따라서 (1 + 3 + … + 71) cm^2 = 1296 cm^2 이고, 1 + 3 + … + 71 = 1296 이다.

문항 분석 및 평가표

⟶ 문항 분석 : 같은 속도로 물을 부을 때, 물을 담는 용기의 부피가 클수록 물의 높이가 천천히 증가하며, 물통이 가득 찰 때까지 시간이 오래 걸린다.

⟶ 평가표 :

(1)

올바른 그래프를 하나도 그리지 못함	0점
하나의 그래프만 옳게 그림	3점
두 개의 그래프를 옳게 그림	6점

(2)

정답 틀림	0점
정답 맞음	4점

정답 및 해설

→ 정답 : (1)

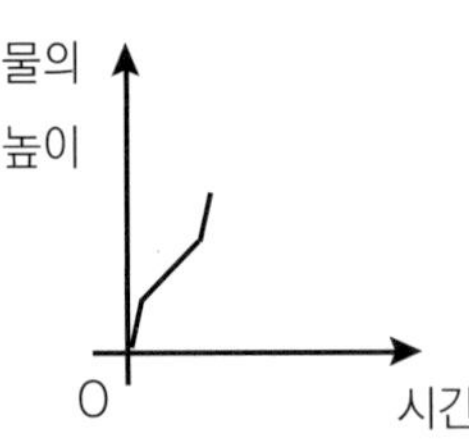

〈물통 B 에서 시간에 따른 물의 높이 그래프〉

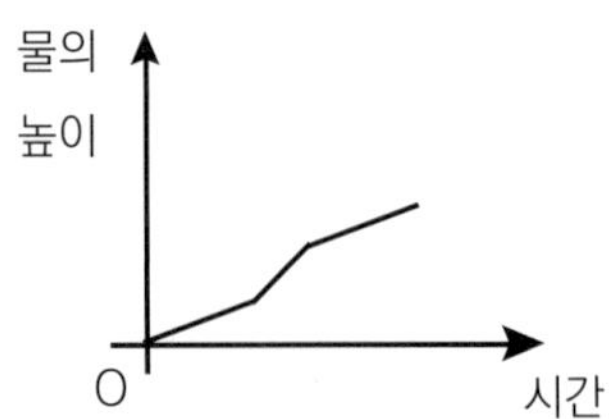

〈물통 C 에서의 시간에 따른 물의 높이 그래프〉

(2) 21,252 일 후

→ 해설 : (1)같은 속도로 물을 부을 때, 물통의 크기가 클수록 물의 높이가 천천히 증가하며, 물통이 가득 찰 때 까지 시간이 오래 걸린다. 이를 고려해서 그래프를 그리면 위와 같은 그래프를 얻을 수 있다, 자료 간의 관계를 한눈에 알아볼 수 있다.

(2)신체, 감정, 지성 리듬의 주기는 23, 28, 33 이므로 다음으로 모든 리듬이 최고조에 달하는 것은 23, 28, 33 의 최소공배수(일) 이다. 따라서 21,252 일 후에 다시 모든 리듬이 최고조에 달한다.

문항 분석 및 평가표

→ 문항 분석 : 테셀레이션 블럭의 규칙성을 알아보자.

→ 평가표 :

(1)

정답 틀림	0점
정답 맞음	4점

(2)

정답 틀림	0점
정답 맞음	6점

정답 및 해설

→ 정답 : (1) (정답 예시)

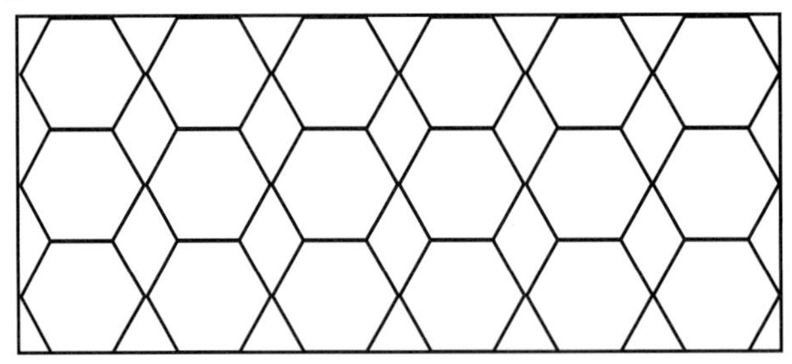

보도

(2) 24 cm^2

→ 해설 : (2) 다음의 도형 ⓐ 에서 색칠된 부분을 옮기면 밑변의 길이와 높이가 각각 4 cm, 2 cm 인 직사각형을 만들 수 있다. 두 도형의 넓이는 같으므로 도형 ⓐ 의 넓이는 8 cm^2 이다. ⓐ, ⓑ, ⓒ, ⓓ 의 넓이는 같으므로 네 도형의 넓이의 합은 $4 \times 8 = 32$ cm^2 이다.

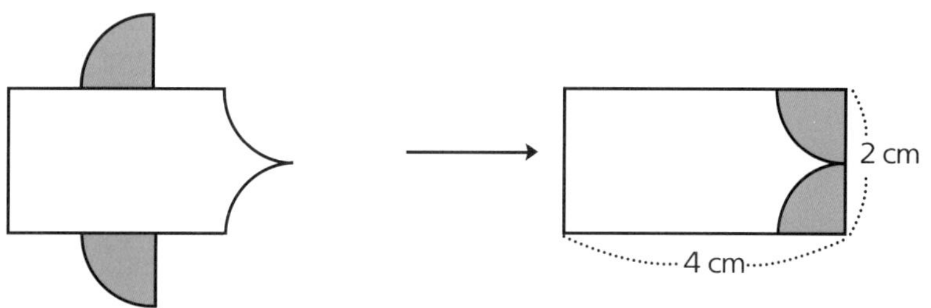

문 08
P. 122

문항 분석 및 평가표

⟶ 문항 분석 : 도형의 둘레가 같을 때, 넓이가 가장 큰 도형은 원이다.

⟶ 평가표 :

(1)

잘못된 단어를 고름	0점
적절한 단어를 모두 고름	4점

(2)

적절한 장점과 단점을 모두 제시하지 못함	0점
적절한 장점과 단점을 모두 제시함	6점

정답 및 해설

⟶ 정답 : (1) 크다 / 크다 / 작으며 / 작음

(2) 좋은 점 : 같은 밀랍을 써서 더 많은 용량의 꿀을 담을 수 있다.

나쁜 점 : 공간이 생겨 온도가 떨어질 수 있고, 물이나 먼지 등이 찰 수 있다.

⟶ 해설 : (1) 12 cm 의 같은 둘레를 갖는 정다각형들은 각의 개수가 많아질수록 넓이가 커지고 있다. 한편, 정다각형의 둘레의 길이가 같을 때, 각의 개수가 많은 정다각형이 더 넓이가 크므로, 넓이가 같아지려면 각의 개수가 적은 정다각형의 둘레의 길이가 늘어나야 한다. 따라서 정다각형의 넓이가 같을 때, 정다각형의 각의 개수가 많을수록 둘레의 길이가 짧다는 것을 알 수 있다. 또한, 정다각형들과 원의 넓이가 같을 때, 원의 둘레가 가장 작음을 알 수 있다.

(2) 좋은 점 : 같은 양의 밀랍을 쓰면 육각형과 원의 둘레가 같다. 같은 둘레일 때, 육각형보다 원이 넓이가 크다. 따라서 더 많은 양의 꿀을 저장할 수 있다.

나쁜 점 : 원은 여러개를 이어붙이면 틈새가 생겨 온도 유지에 어려움이 생긴다.

문항 분석 및 평가표

⟶ 문항 분석 : 정육각형의 개수를 달리하며 입체도형을 만들어 보자.

⟶ 평가표 :

(1)

적절한 이유를 제시 못함	0점
적절한 이유를 제시	6점

(2)

정답 틀림	0점
정답 맞음	4점

정답 및 해설

⟶ 정답 : (1) 정육각형의 한 내각의 크기는 120° 이다. 따라서 한 꼭짓점에 정육각형이 3 개 모이면 360° 가 되어서 평면이 되므로 입체도형을 만들 수 없다.

(2) 720 가지

⟶ 해설 : (1) 정다면체에서 먼저 고려해야 할 것은 꼭짓점에서 만나는 면의 개수이다. 만약 꼭짓점에서 두 개의 면만 이 만난다면 입체도형이 될 수 없고, 꼭짓점에서 단지 두 장의 종이가 겹쳐질 뿐이다. 따라서 육각형으로 정다면체를 만들기 위해서는 꼭짓점에서 최소한 세 면이 만나야 한다. 그런데 정육각형의 한 내각의 크기는 120° 이므로 정육각형이 3 개가 한 점에 모이면 그 각의 합이 360° 가 된다. 360° 가 되면 모인 육각형들이 구부러져 접힐 공간 없이 평면에 펼쳐지게 되므로 입체도형이 만들어질 수 없다.

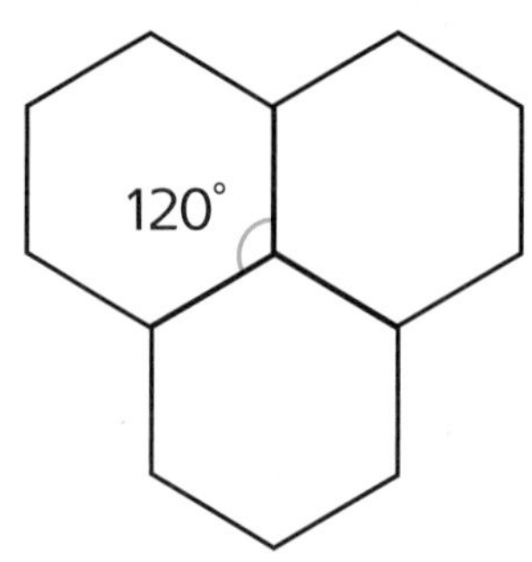

(2) 주사위의 한 면에 색을 칠할 때, 여섯 가지의 색을 칠할 수 있으므로 그 경우의 수는 6 가지이다. 주사위의 다른 한 면에 색을 칠할 때, 앞에서 사용한 색을 제외하고 5 가지의 색을 칠할 수 있으므로 그 경우의 수는 5 가지이다. 마찬가지로 3 번째, 4 번째, 5 번째, 6 번째의 면에 색을 칠하는 경우의 수는 각각 4 가지, 3 가지, 2 가지, 1 가지이다. 각 경우는 동시에 일어나므로 구하려는 경우의 수는 $6 \times 5 \times 4 \times 3 \times 2 \times 1 = 720$ (가지) 이다.

문항 분석 및 평가표

⟶ 문항 분석 : <자료 1> 의 단계를 따라가며 시어핀스키 삼각형의 규칙성을 알아보자.

⟶ 평가표 :

(1)

정답 틀림	0점
정답 맞음	4점

(2)

정답 틀림	0점
정답 맞음	6점

정답 및 해설

⟶ 정답 : (1) 243 개

(2)

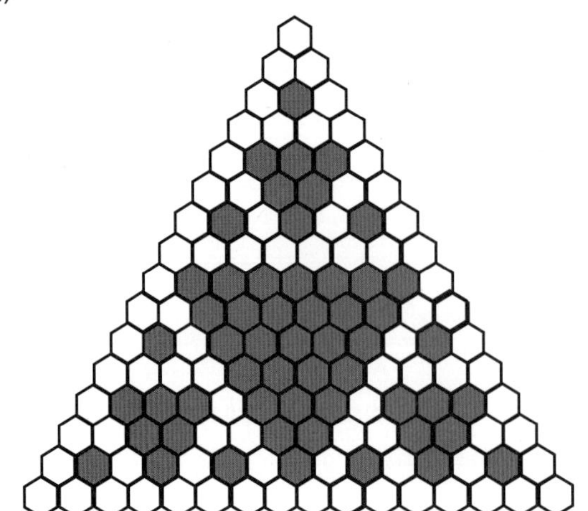

⟶ 해설 : (1) 0, 1, 2, 3 단계의 검은 삼각형의 개수를 세어보면 각각 1,3, 9, 27 이다. 단계의 숫자가 올라가면서 기존의 검은 삼각형은 작은 3 개의 검은 삼각형이 되므로 삼각형의 개수는 3 배 늘어난다. 따라서 4 단계에서 검은 삼각형의 개수는 27 × 3 = 81 (개) 이고, 5 단계에서 검은 삼각형의 개수는 81 × 3 =243 (개) 이다.

(2) (가) 에서 하얀색 선을 이어보면 (가) 의 1 단계의 모양을 하고 있다. 따라서 파스칼의 삼각형에는 시어핀스키 삼각형과 유사한 구조가 들어 있으므로 (나) 에는 2 단계의 모양이 나타남을 알 수 있다. 따라서 이를 그려보면 위와 같은 모양을 얻을 수 있다.

문항 분석 및 평가표

⟶ 문항 분석 : 회전축을 중심으로 1 회전 시킬 때 생기는 입체도형의 모습을 생각해 보자.

⟶ 평가표 :

(1)

정답 틀림	0점
정답 맞음	4점

(2)

정답 틀림	0점
정답 맞음	6점

정답 및 해설

⟶ 정답 : (1) 초록색 도넛 모양

(2) 12.56 cm^3

⟶ 해설 : (1) 선풍기를 작동하면 검은색 원이 생긴다. 이를 회전축을 중심으로 회전하면 위와 같은 모양의 도넛 모양이 생긴다.

(2) A 의 높이를 1 cm 단위로 끊어 회전하면 C 의 부피는 4 개의 영역의 부피를 합한 것과 같다. 이를 구하면 C 의 부피는 (2 × 2 × 3.14 × 1) + (1 × 1 × 3.14 × 1) + (2 × 2 × 3.14 × 1) + (1 × 1 × 3.14 × 1) = 31.4 cm^3 이다. 마찬가지 방법으로 D 의 부피를 구하면 D 의 부피는 {(2 × 2 × 3.14) − (1 × 1 × 3.14) × 1} + (2 × 2 × 3.14 × 1) + {(2 × 2 ×3.14) − (1 × 1 × 3.14) × 1}+ (2 × 2 × 3.14 × 1) = 43.96 cm^3 이다. 따라서 두 입체도형의 부피의 차이는 43.96 − 31.4 = 12.56 cm^3 이다.

문항 분석 및 평가표

⟶ 문항 분석 : 대칭축과의 거리가 같도록 도형을 그려보자.

⟶ 평가표 :

(1)

정답 틀림	0점
정답 맞음	4점

(2)

정답 틀림	0점
정답 맞음	6점

정답 및 해설

⟶ 정답 : (1)

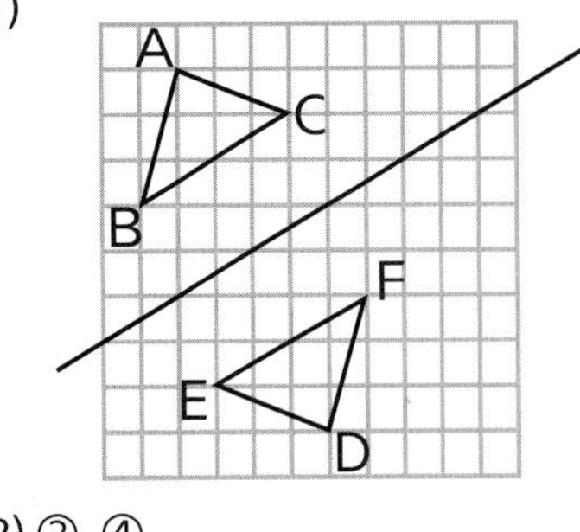

(2) ②, ④

⟶ 해설 : (2) 입사각과 반사각이 같음을 이용하면 ①, ②, ③, ④ 에 레이저를 쏘았을 때 빛의 경로는 다음과 같다.

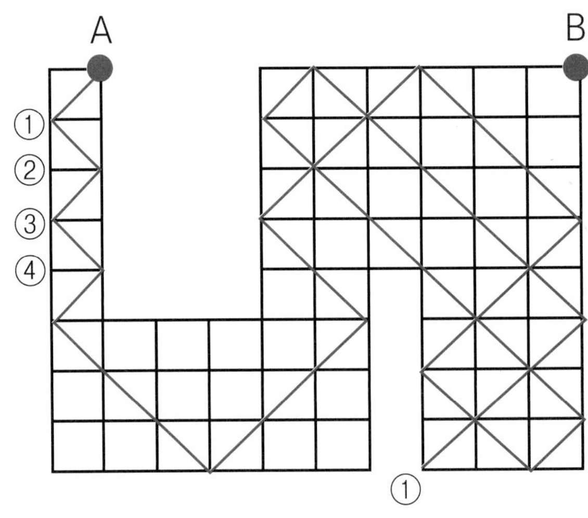

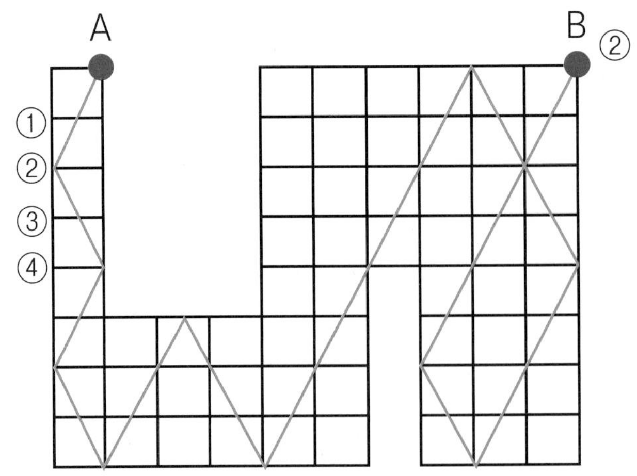

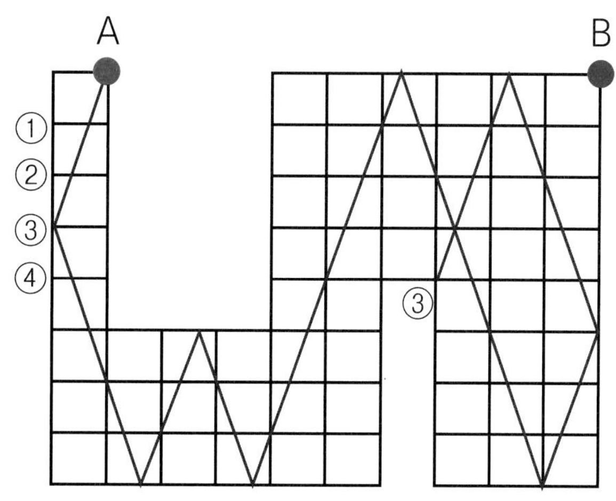

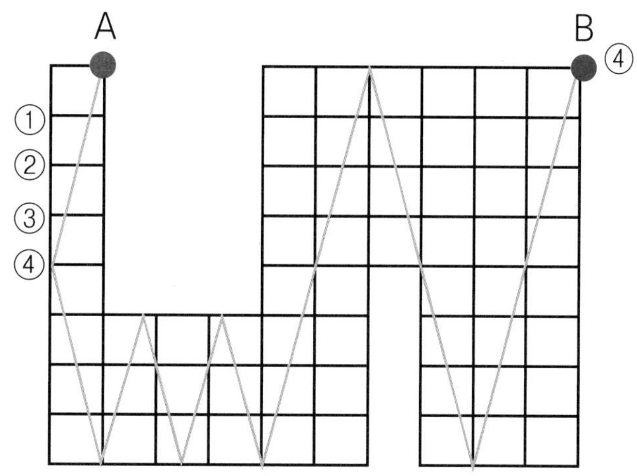

점수에 따른 성취도 등급

등급	1등급	2등급	3등급	4등급	5등급	총점
평가	96 점 이상	72 점 이상 ~ 95 점 이하	48 점 이상 ~ 71 점 이하	24 점 이상 ~ 47 점 이하	23 점 이하	120 점

· 총 8 문제입니다. 각 평가표에 있는 기준별로 배점을 했습니다. / 단원 말미에서 성취도 등급을 확인하세요.

문 13

P. 132

평가표

→ 평가표 :

타당한 이유를 제시하지 못함	0점
타당한 이유를 제시	5점

풀이팁

→ 팁 : 찬,반의 명확한 입장을 제시하고, 글의 나타난 근거를 이용하여 이유를 제시하자.

출제자예시답안

→ 1. 찬성한다. 인공지능 CCTV 는 범죄 용의자의 검거율을 높여주므로 안전한 삶을 살 수 있게 도와주기 때문이다.

2. 반대한다. 인공지능 CCTV 는 모든 사람을 감시함으로써 개인의 인권을 침해하고 자유를 뺏어가기 때문이다.

평가표

→ 평가표 :

제시한 수업형식, 내용이 적절하지 못함	0점
적절한 수업 형식, 내용을 말함	5점

풀이팁

→ 팁 : 영재교육원에서는 프레젠테이션과 자유로운 토론, 실험, 프로젝트 등의 수업 형식으로 수업을 진행한다.

출제자예시답안

→ 학교에서 하는 수학 수업과 같은 일방적인 전달 형태의 수업이 아닌 선생님과 함께 어려운 문제를 토론식으로 해결해 나가는 수업을 받고 싶습니다. 또한 교과서에 나오는 문제가 아닌 실생활과 관련된 다양한 문제와 창의력이 요구되는 독특한 문제를 많이 경험해 보고 싶습니다.

평가표

⟶ 평가표 :

타당한 이유를 제시하지 못함	0점
타당한 이유를 제시	5점

풀이팁

⟶ 팁 : 원의 지름은 어느 방향에서 길이를 재어도 그 길이가 같다.

출제자예시답안

⟶ 맨홀 뚜껑이 정사각형 모양이라고 해보자. 그러면 비가 많이 와 맨홀 뚜껑이 열렸을 때, 방향이 맞지 않아 맨홀 뚜껑이 닫히지 않거나 맨홀 구멍 안으로 뚜껑이 들어갈 수 있다. 그러나 원의 지름은 어느 방향에서 길이를 재어도 그 길이가 같으므로 이러한 일은 발생하지 않는다.

문 16
P. 133

평가표

⟶ 평가표 :

타당한 이유를 3 가지 이상 제시하지 못함	0점
타당한 이유를 3 가지 이상 제시	5점

풀이팁

⟶ 팁 : 실생활에서 수학을 활용할 수 있는 방법을 생각해 보자.

출제자예시답안

⟶ 1. 실제로 해보지 않아도 결과를 알 수 있어, 새로운 일을 설계, 계획하는 데 도움을 준다.
2. 논리적 사고를 이끌어 코딩을 논리적으로 잘 맞출 수 있다.
3. 합리적 사고를 이끌어 토론에서 논리적으로 말할 수 있다.
4. 게임의 구조를 파악하는 데 도움을 주어 새로운 게임에서 승리하는 데 도움을 줄 수 있다.

문 17
P. 134

평가표

⟶ 평가표 :

타당한 방법을 제시하지 못함	0점
타당한 방법을 제시	5점

풀이팁

—> 팁 : 싸운 두 친구가 모둠활동을 할 수 있게 하는 방법을 생각해 보자.

출제자예시답안

—> 우선 싸운 두 친구를 진정시키고, 역할분담을 하지 않으면 전부 다 모둠 활동을 끝낼 수 없음을 이야기하여 모둠 활동에 참여할 수 있게 한다. 그 후 각자에게 적절한 업무를 부여하고 각자의 업무를 해결하게 하여 모둠 활동을 끝낼 수 있게 한다.

문 18
P. 134

평가표

—> 평가표 :

타당한 방법을 제시하지 못함	0점
타당한 방법을 제시	5점

풀이팁

—> 팁 : 일정한 면적의 별만 세어본 후 전체 면적을 생각해서 대략적인 별의 개수를 알아보자.

출제자예시답안

—> 밤하늘의 별의 개수를 모두 세기란 불가능 하므로, 일정한 넓이로 구역을 나눈 뒤 한 구역의 별의 개수를 세고, 하늘 전체의 구역 개수를 곱하면 대략적인 별의 개수가 나온다.

평가표

—> 평가표 :

적합한 물건을 5 개 제시하지 못함	0점
적합한 물건을 5 개 모두 제시함	5점

풀이팁

—> 팁 : 북극에서 살게 되면 필요할 물건을 생각해보자.

출제자예시답안

—> 내가 북극에 간다면 침낭, 망원경, 성냥, 물병, 칼을 가지고 갈 것입니다. 침낭은 체온을 유지해주는 데 도움을 주며, 망원경은 시야 확보나 필요한 것을 찾는 데 도움이 되기 때문입니다. 또한 성냥은 불을 피우기 위한 물건으로 체온 유지나 음식을 먹는 데 필요하고, 물병은 마실 물을 확보하거나 생활용수를 담는 데 필요합니다. 마지막으로 칼은 위험한 생물로부터 자신을 보호하고, 무언가 필요한 것을 만들기 위해서도 필요합니다.

평가표

⟶ 평가표 :

이루고 싶은 목표 3 가지를 제시하지 못함	0점
이루고 싶은 목표 3 가지를 모두 제시함	5점

풀이팁

⟶ 팁 : 미래의 직업을 가지게 되었을 때, 구체적으로 이루고 싶은 목표가 무엇인지 생각해 보자.

출제자예시답안

⟶ 대학교 수학과의 교수가 되어 있을 것이다. 이 직업으로 인하여 이루고 싶은 것으로는 첫 번째, 학생들이 수학에 흥미와 재미를 갖도록 할 것이며, 이로 인해 기초 학문 분야 중 하나인 수학이 발전되어 국가 발전에 도움이 될 것이다. 두 번째, 재미있는 수학 교재와 교수법을 개발하여 수포자가 생기는 것을 막을 것이다. 세 번째, 필즈상을 국내에서 최초로 수상하여 국가의 위상을 높일 것이다.

점수에따른성취도등급

등급	상	중	하	총점
평가	30 점 이상	15 점 이상 ~ 29 점 이하	14 점 이하	40 점

마무리하기

· 아래의 표를 채우고 스스로 평가해 봅시다.

정리하기

단원	언어	수리논리	도형	창의적 문제해결력	STEAM (융합 문제)
점수					
등급					

· **총 점수 :** / 630 점

· **평균 등급 :**

전체 점수 성취도 등급

등급	1등급	2등급	3등급	4등급	5등급	총점
평가	481 점 이상	361 점 이상 ~ 480 점 이하	241 점 이상 ~ 360 점 이하	121 점 이상 ~ 240 점 이하	120 점 이하	630 점
	대단히 우수, 수학 영재임	영재성이 있고 우수, 전문가와 상담 요망	영재성 교육을 하면 잠재능력 발휘할 수 있음	영재성을 길러주면 발전될 가능성 있음	어떤 부분이 우수한지 정밀 검사 요망	

스스로 평가하기 · 자신이 자신있는 단원과 부족한 단원을 말해보고, 앞으로의 공부 계획을 세워봅시다.

창의력과학 세페이드 시리즈 – 창의력과학의 결정판

1F 중등 기초
물리(상,하), 화학(상,하)

2F 중등 완성
물리(상,하), 화학(상,하),
생명과학(상,하), 지구과학(상,하)

3F 고등 I
물리(상,하), 물리 영재편(상,하), 화학(상,하), 생명과학(상,하), 지구과학(상,하)

4F 고등 II
물리(상,하), 화학(상,하),
생명과학(영재학교편,심화편),
지구과학(영재학교편)

5F 영재과학고 대비 파이널
물리, 화학,
생물, 지구과학

세페이드 모의고사

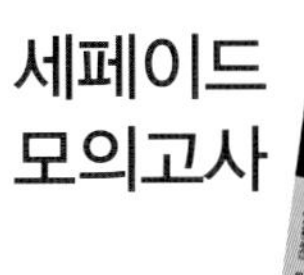

세페이드 고등 통합과학

창의력과학 아이앤아이 I&I 시리즈 – 특목고 대비 종합서

창의력 과학 아이앤아이 *I&I* 중등 물리(상,하)/화학(상,하)/생명과학(상,하)/지구과학(상,하)

영재교육원 대비
아이앤아이 꾸러미

창의력 과학 아이앤아이 *I&I* 초등 3~6

영재교육원 대비
아이앤아이 꾸러미 120제 –수학 과학

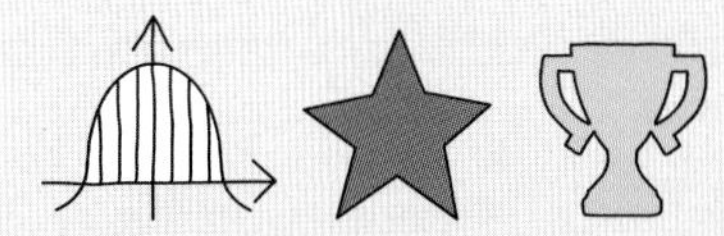

영재교육원 완벽 대비서

Ⅰ 영재교육원 소개	영재교육원은 어떤 곳이며, 영재교육원에 입학하기 위해 필요한 선발과정을 수록하였습니다.
Ⅱ 영재성 검사	일반 창의성, 언어/추리/논리, 수리논리, 공간/도형/퍼즐, 과학 창의성의 총 5 단계를 신유형 문제와 기출문제 위주로 구성하였습니다.
Ⅲ 창의적 문제해결력	지식, 개념 및 창의성을 강화시켜 주는 문제를 해당 학년 범위 내에서 기출문제/신유형 문제 위주로 구성하였습니다.
Ⅳ STEAM / 심층면접	융합형 사고 기반 STEAM 문제와 심층면접에 대비하는 문제를 수록하였습니다.
Ⅴ 정답 및 해설 / 예시 답안	각 문제에 대한 문항분석, 출제자 예시 답안, 해설을 하였고, 점수를 부여하여 스스로 평가할 수 있는 평가표를 제시하였습니다.

무한상상

꾸러미 동산에 잘 오셨어요!

잠 좀 깨우지 않기!

무한상상

무엇부터 할까?
친구들 안뇽!